사회초년생
관공서 건설공사
# 현장업무

실무집

## 소개글

건설인 여러분, 우리에게 필요한 것은 실제 현장에 투입되어 수행하는 업무에 대한 실질적 필요한 이야기입니다. 이에, 처음 현장 투입되는 신입 기사를 가르치는 노하우 및 착공에서 준공까지 인터넷 검색으로 필요시 마다 다시 찾아보던 내용을 한권의 책으로 엮었습니다. 현장실참여자에게 많은 도움이 되었으면 좋겠습니다.

## 주요내용

01.  관공서 착공에서 준공까지 각종 지침서 내용 요약 편집하여 착공과 동시에 준비해야 할 것, 15일이내 제출해야 될 것, 60일이내 제출해야 될 것

02.  현장개설시 준비사항 및 개설에 필요한 물품정리, 가설사무실 체크리스트, 가설전기 용량산정방법, 가설전기 인입절차, 가설수도 인입절차 기술, 현장투입 후 준비서류

03.  공사진행에 따른 공사업무, 공무업무, 품질업무, 안전업무, 환경업무, 자금관리업무, 협력업체 이해등 매일, 주간, 월간으로 나누어 정리

04.  준공단계에 따른 준비서류, 사무실 철수 관련 체크리스트, 시공평가표 수록

05.  하자관리 및 유지관리 지침서 수록

※  현장업무 및 책관련 문의 : 김중섭 bfmodum@gmail.com

# 1. 착공전 단계

## 1. 수주업무　　　　　　　　　　　　　　08
### 1.1 관공서 수주 절차
### 1.2 민간공사 수주 절차

# 2. 착공 단계

## 1. 착공신고　　　　　　　　　　　　　　20
### 1.1 투입인원 결정 및 조직도 구성.
### 1.2 착공계 제출서류
### 1.3 착공신고 후 준비서류
### 1.4 세움터등록

## 2. 현장개설　　　　　　　　　　　　　　46
### 2.1 현장사무실
### 2.2 현장비취 서류 목록
### 2.3 공사시행 단계별 업무안내(국토교통부)

# 3. 공사진행 단계

## 1. 공사업무　　　　　　　　　　　　　　88
### 1.1 업무투입시 작성서류
### 1.2 하도급업체 선정시
### 1.3 매일업무
### 1.4 주간업무
### 1.5 월간업무

## 2. 공무업무　　　　　　　　　　　　　　98
### 2.1 업무투입시 작성서류
### 2.2 하도급업체 선정 시
### 2.3 매일업무
### 2.4 월간업무
### 2.5 설계변경
### 2.6 기성신청
### 2.7 기타공무가 알아야 할 사항

### 3. 품질업무　　　　　　　　　　　　　　　　116

　　3.1 업무투입시 작성서류
　　3.2 매일업무
　　3.3 월간업무

### 4.안전업무(산업안전보건법 관련)　　　　135

　　4.1 업무투입시 작성서류
　　4.2 하도급 업체 선정시
　　4.3 매일업무
　　4.4 주간업무
　　4.5 월간업무
　　4.6 사고보고(위험상황발생시)

### 5.환경업무　　　　　　　　　　　　　　　　160

　　5.1 업무투입시 작성서류
　　5.2 월간업무

### 6.자금관리업무 이해하기　　　　　　　　　161

　　6.1 자금관리관련 용어
　　6.2 제무재표 이해하기

### 7.협력업체 이해하기　　　　　　　　　　　164

　　7.1 하도급계약
　　7.2 하도급 대금관리
　　7.3 하도급 간접비 정산 꿀팁

## 4.준공단계

### 1.준공계　　　　　　　　　　　　　　　　　176

　　1.1 준공계 제출 및 절차
　　1.2 준공서류
　　1.3 준공검사 완료 후 제출서류
　　1.4 사무실 철수 관련 준비사항
　　1.5 시공평가

2.인수인계 184
    2.1 인수인계 절차 및 방법
    2.2 어린이놀이시설 안전관리 제도

## 5. 하자관리 및 유지관리

1.하자관리 190
    1.1 하자보수 처리 절차
    1.2 유의사항
    1.3 하자종결
    1.4 하자담보책임기간

2.유지관리 192
    2.1 조경수목 유지관리
    2.2 수경시설 유지관리요령

## 6. 한글 실무

1.실정보고 사유서 만들기 208
2.재료비교표 만들기 236
3.자주사용하는 단축키 익히기 242

## 7. 실정보고 작성방법

1.실정보고 작성방법(전체) 246

# 01

# 착공전 단계

1. 수주업무

1.1 관공서 수주 절차
1.2 민간공사 수주 절차

# 01 수주업무

## 1. 관공서 수주 절차

### 1) 수주업무 진행 사이트
① 국가종합전자조달시스템 나라장터
② 한국토지주택공사, 한전등 26개 자체조달시스템

### 2) 개요
① 나라장터 입찰 기준에 대해 간략히 알아보겠습니다.
② 나라장터의 입찰은 크게 물품업무와 공사업무(시설공사)로 구분됩니다.
③ 우리는 공사업무(시설공사)와 관련이 되므로 %시설공사에 대해 배우고, 잔여 대해 물품업무에 대해 좀 더 알고 싶으면 아래 나라장터 이용자 가이드를 참조하시기 바란다.

<그림1-1> 조달청사이트 캡쳐 (http://www.g2b.go.kr/index.jsp)

## 3) 공사업무 (시설공사)

### ① 계약체결 방법에 의한 분류

**가. 일반경쟁**
- 입찰참가자격에 제한을 두지 않는 입찰로서 법령 등에 의하여 허가 · 인가 · 면허 · 등록 · 신고 등을 받았거나 당해 자격요건에 적합해야 함

예> 업종제한 : 건축공사업 → 건축공사업 면허로 등록되어있는 업체만 허용

**나. 제한경쟁**
- 입찰시 지역, 실적, 시공능력, 유자격자명부 등으로 입찰참가자격에 제한을 두는 입찰

예> 지역제한(서울특별시) - 서울특별시에 주된 영업소(본사)가 소재한 업체만 허용

**다. 지명경쟁**
- 추정가격이 3억원 이하인 종합공사, 추정가격이 1억원 이하인 전문공사 또는 추정가격이 1억원 이하인 전기, 통신, 소방 등의 공사를 하거나 추정가격이 1억원 이하인 물품을 제조할 경우 등에 특정 다수인을 지명하여 지명된 자들로 하여금 경쟁을 시켜 계약상대자를 결정하는 계약방법

**라. 수의계약**
- 경쟁계약과 상반되는 개념으로 경쟁이나 입찰에 따르지 아니하고, 수의계약사유에 의하여 계약상대자와 맺는 계약
- 2000만원 이하의 공사에 적용 가능합니다.

## ② 예산 및 공기에 의한 분류

### 가. 일반공사 (단년도공사)
○ 당해 연도 예산으로 전부 집행하는 공사로서 계약기간이 총 공사계약 기간과 일치하는 공사 (대다수의 계약방법입니다)

### 나. 장기계속공사
① 임차, 운송, 보관, 전기, 가스, 수도의 공급, 기타 그 성질상 수년간 계속하여 존속할 필요가 있거나 이행에 수년을 요하는 경우에 체결하는 계약으로 계약을 체결할 때에는 낙찰 등에 의하여 결정된 총공사금액을 부기하고 당해연도 예산의 범위 안에서 제1차 공사를 이행하도록 계약을 체결
② 2차 이후의 공사계약은 부기된 총공사금액에서 이미 계약된 금액을 공제한 금액의 범위 안에서 계약을 체결

### 다. 계속비공사
○ 계속비 예산으로 계약을 체결할 경우로서 이때에는 계약서상의 계약금액은 총공사금액으로 하고 연부액을 계약서에 명시

### 라. 비교

| 구 분 | 단년도 공사 | 장기계속공사 | 계속비 공사 |
|---|---|---|---|
| 사업내용 확정 | 확 정 | 확 정 | 확 정 |
| 총예산 확보 | 확 보 | 총예산 미확보 (당해연도분 확보) | 확 보 |
| 계약 체결 | 당해연도 예산 범위내 입찰 및 계약 | - 총공사금액으로 입찰<br>- 각 회계연도에 확보된 예산범위 안에서 계약체결(총공사금액 부기) | 총공사금액으로 입찰 및 계약(연부액부기) |

### 4) 수주방법

#### ① 낙찰자 선정 방법

국가는 당해 물자를 조달함에 있어서 자격과 능력이 있는 여러 기업 중에서 가격과 품질, 계약의 신뢰성이 있는 가장 국가에 유리한 계약방법을 선정한다.

**가. 최저가 낙찰제 : 최저로 입찰한 업체가 낙찰자로 결정**

※ 정부차원에서 예산절감 장점이 있으나, 낙찰업체의 능력파악부족 및 부실시공으로 현재는 지양함.

**나. 적격심사제(내역입찰) :** 100억이상의 공사로 업체의 시공능력, 기술, 재무상태, 성실도 등을 고려하여 낙찰자 결정

**다. 적격심사제(총액입찰) :** 100억이하의 공사로 입찰시 공사금액 총액만 입력 후 기초금액 ±3% 범위 내에서 복수예비가격 15개를 작성하여 입찰에 참여하는 각 업체가 2개씩 추첨한 결과 가장 많이 집계된 4개의 예비가격을 산술 평균한 가격에 예정가격 결정,
낙찰자 결정기준(행정안전부 예규 제19호) 제2장 시설공사 적격심사 세부기준을 적용하여 예정가격 이하로서 낙찰하한율 이상으로 응찰자 중 최저가격으로 입찰자 순으로 적격심사하여 종합평점이 95점 이상인 자를 낙찰자로 결정. (※ 예시1 참조)

**라. 종합심사낙찰제 :** 추정가격 300억이상의 공사에 시행, 최저가 낙찰제의 단점으로 보완하기 위해서 시행, 입찰가격 능력 뿐만 아니라 사회적 책임을 따져 낙찰자를 결정하는 방법

> **TIP**
> 「제3장 1.5시공평가」 준공시 시공평가 점수가 종심제 시공역량과 관계가 있으니, 참조하시기 바랍니다.

## 5) 적격심사제 낙찰자 선정 방법

① 입찰공고

② 각업체별 투찰(번호 2개 선택)

③ 개찰

④ 적격심사(통상7일~15일소요)

⑤ 승인통보(조달청→낙찰업체)

⑥ 공사도급계약 체결

## 예시1 적격심사제 낙찰자 선정 방법

■ 조건 : OO공사에서 187,893,000원의 "시설물공사"를 발주 하려고 조달청 나라장터에 발주의뢰를 올렸다는 가정함

■ 순서

① 입찰공고

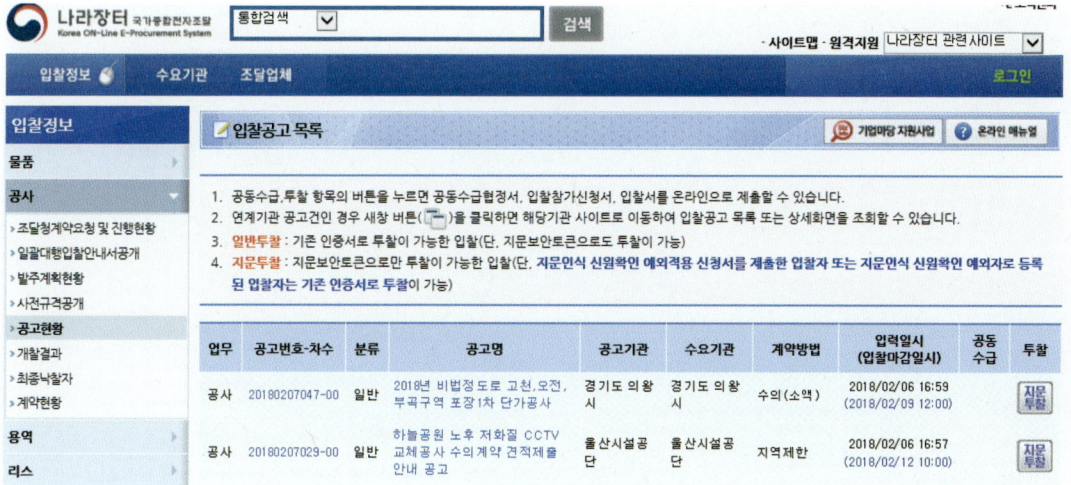

<그림1-2> 입찰공고

② 각업체별 투찰(번호 2개 선택)

   *.예가 : 프로그램에 의해 예정가격(±3% 범위) 무작위 작성

### ③ 개찰

내용을 보면 기초금액 187,893,000원에 추정가격 2번(45회), 10번((46회), 11번(48회), 14번(44회)이 투찰업체로부터 많이 선택되어 공사예정금액이 187,788,300원에 결정되었습니다. 이 업체의 낙찰률은 87.746%이네요.

<그림1-3> 개찰결과목록

<그림1-4> 개찰결과

<그림1-5> 추정가격 목록

④ 적격심사(통상7일~15일소요)

⑤ 승인통보(조달청→낙찰업체)

⑥ 공사도급계약 체결

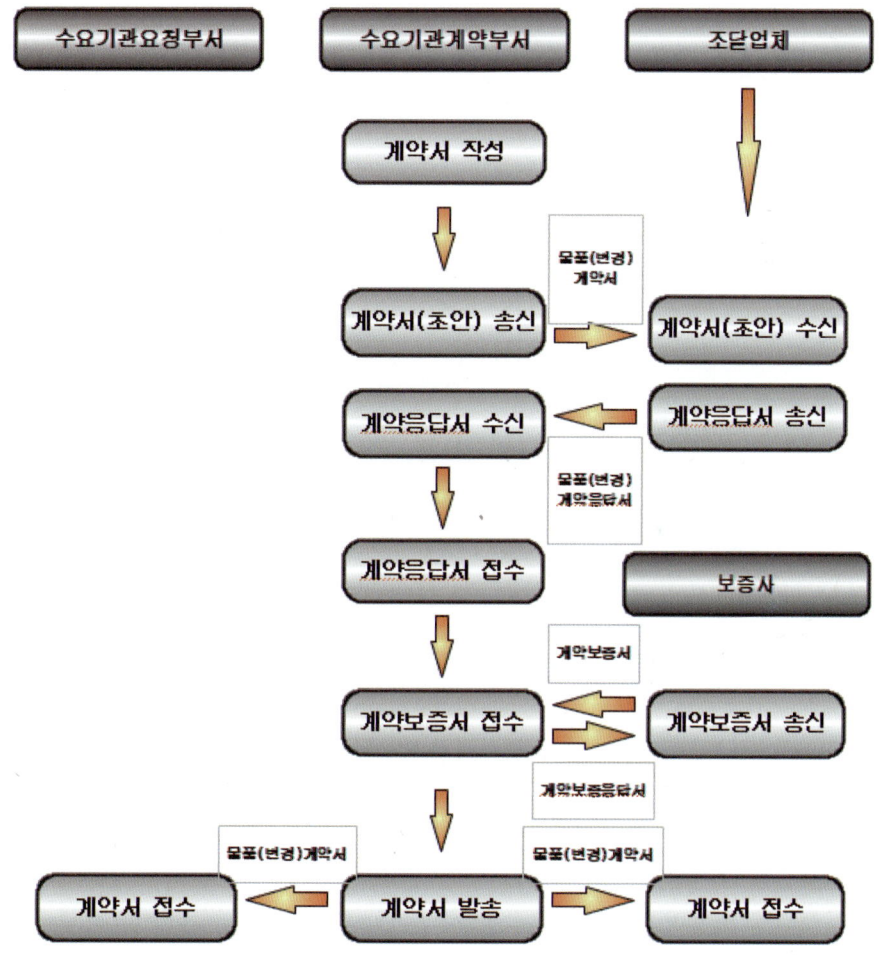

<그림1-6> 도급계약 절차도_조달청 나라장터이용가이드

## 2. 민간공사 수주 절차

### 1) 수주업무 진행 방법

① 자체개발사업
② 학연, 혈연, 지연등 개인 인적네트워크 활용 견적참여
③ 기조성된 현장의 모범사례를 통한 견적참여
④ 광고 및 사이트 홍보를 통한 견적참여
⑤ 설계사를 통한 견적참여
⑥ 관계사를 통한 견적참여
⑦ 보증사를 통한 견적참여

### 2) 개요

① 민간공사 수주방법은 대체적으로 자체개발사업(이하 자체공사)이 안정적인 수주방법이며 개발이익을 선집계하여 투자하기 때문에 수익성도 상당히 좋은 편임. 그러나, 한번의 투자 실패가 기업가치의 추락을 야기할 수 있어, 민간기업 입장에서는 쉽게 접근하기 어려운 실정임. 이에 대다수의 회사는 인적네트워크를 활용한 공사수주를 많이 활용하고 있음.

② 인적네크워크에 의한 접근은 현 건설업 상황에 저가수주를 양산(대다수의 회사가 최저가 낙찰제를 선호함)하고 있어 건설업 불황에 한가지 요인으로 작용하고 있음

③ 관공사 공사물량이 줄어들고 부동산 경기악화로 인한 자체공사 수주가 불가피 할시 민간공사에 이윤을 최대한으로 줄이며, 견적참여를 하고 있음

## 3) 수주방법

### ① 시공사 선정 전 절차도

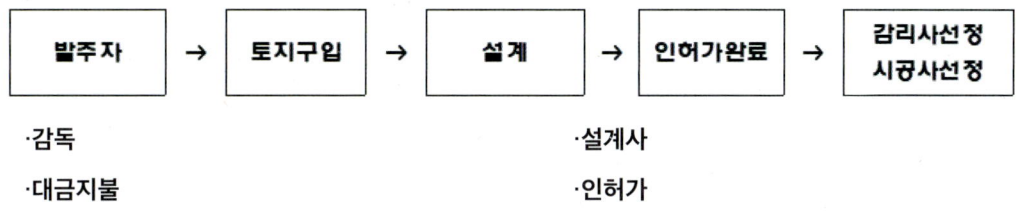

·감독  ·설계사
·대금지불  ·인허가

### ② 발주자 시공사 선정 방법

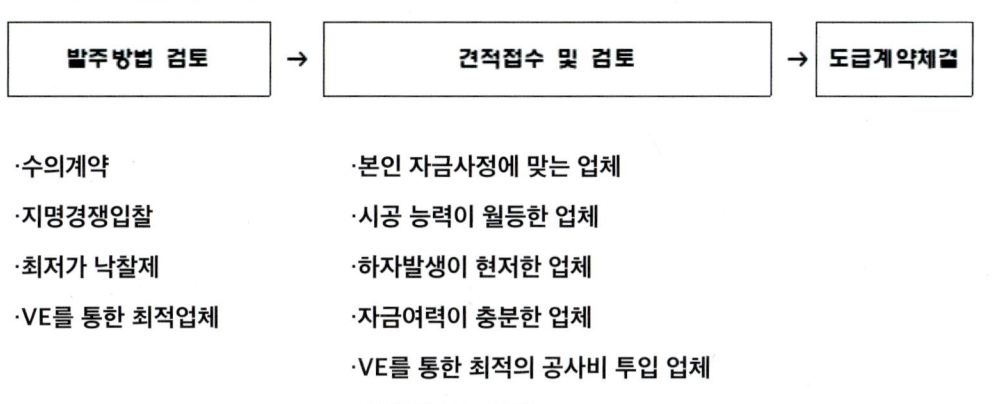

·수의계약  ·본인 자금사정에 맞는 업체
·지명경쟁입찰  ·시공 능력이 월등한 업체
·최저가 낙찰제  ·하자발생이 현저한 업체
·VE를 통한 최적업체  ·자금여력이 충분한 업체
　　　　　　　　　·VE를 통한 최적의 공사비 투입 업체
　　　　　　　　　·내가 잘 아는 업체

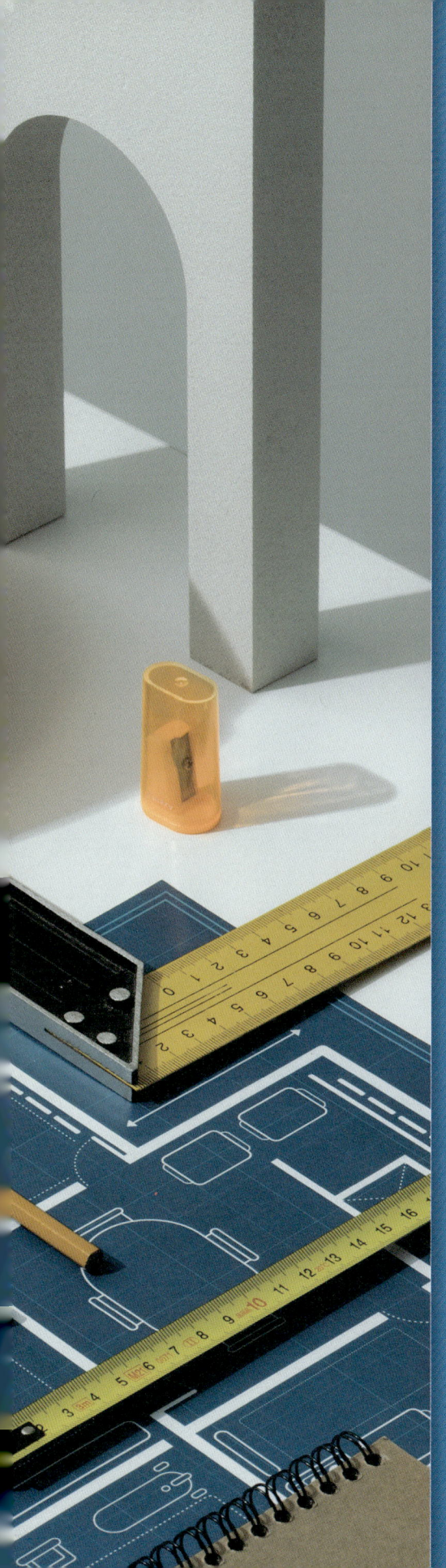

# 02

## 착공 단계

1. 착공신고
2. 현장개설

## 1. 투입인원 결정 및 조직도 구성

### 1) 투입인원 결정

① 관련법령

| | |
|---|---|
| 현장<br>대리인 | 건설공사 : 건설산업기본법 시행령 제35조(건설기술자의 현장배치기준 등)의 별표5(공사예정금액의 규모별 건설기술자 배치기준)<br>전기공사 : 전기공사업법 시행령 제12조(시공관리의 구분)의 별표4 (전기공사기술자의 시공관리구분)<br>정보통신공사 : 정보통신공사업법 시행령 제34조 (정보통신기술자의 현장배치기준 등)및 제40조(정보통신기술자의 자격기준 등)의 별표6(정보통신기술자의 자격) |
| 안전<br>관리자 | 산업안전보건법 시행령 제12조(안전관리자의 선임 등)의 별표3 (안전관리자를 두어야 할 사업의 종류·규모, 안전관리자의 수 및 선임방법) 및 제14조(안전관리자의 자격)의 별표4(안전관리자의 자격) |
| 품질<br>관리자 | 건설기술진흥법 시행규칙 제50조4항 (별표5)<br>(건설공사 품질관리를 위한 시설 및 품질관리자 배치기준) |
| 기타<br>기술자 | 시방서 또는 현장설명서 명기<br>발주처별 내부방침<br>현장여건에 맞춰 발주처와 상의하여 결정 |

※ 관련법은 수시로 변경되므로 국가법령센터 WWW.LAW.GO.KR 을 참조할 것

② 통상적인 조직표 구성 예시
가. 대규모 현장(500억이상)

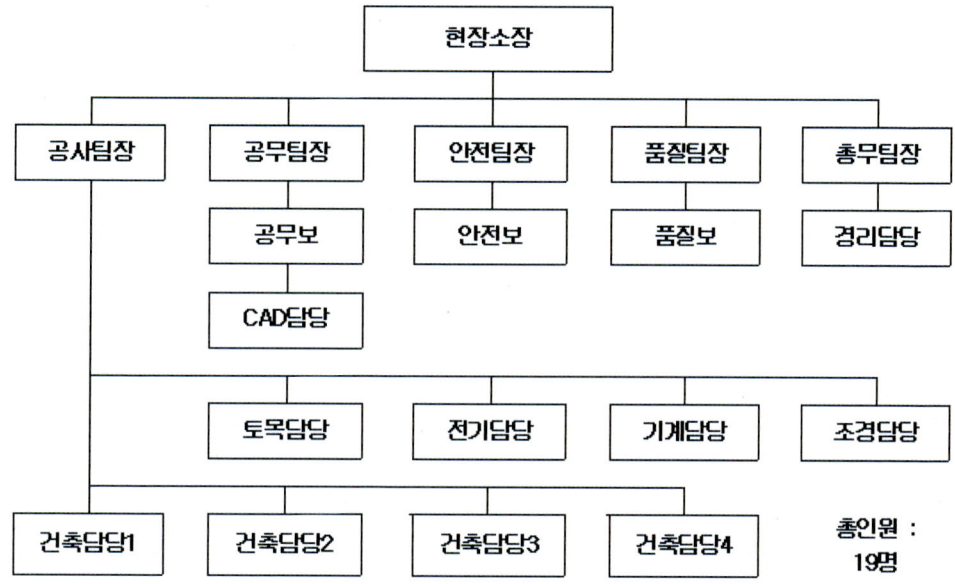

나. 중규모현장(30억~300억내외)

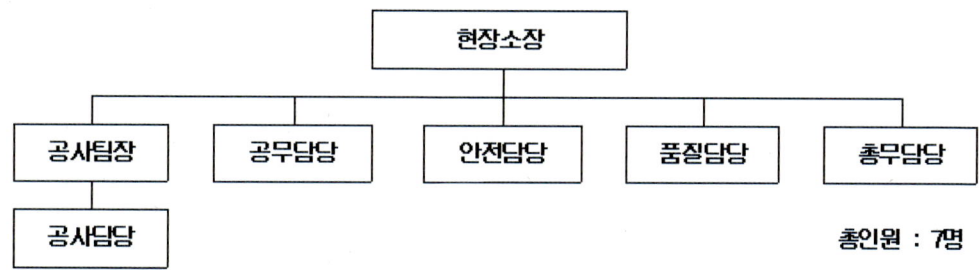

다. 소규모현장(30억이하)

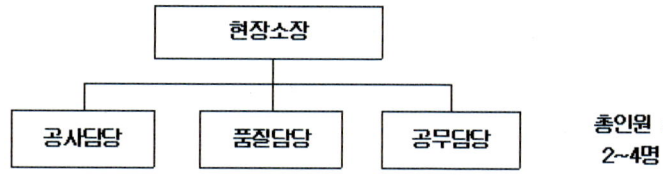

## 2) 현장대리인 배치기준

■ 건설산업기본법 시행령 [별표 5] <개정 2020. 10. 8.>
[시행일] 비고 제6호의 개정규정은 다음 각 호의 구분에 따른 날
**가. 국가, 지방자치단체, 「공공기관의 운영에 관한 법률」 제5조에 따른 공기업·준정부기관 또는**
「지방공기업법」 제49조·제76조에 따른 지방공사·지방공단이 발주하는 공사: 2021년 1월 1일
나. 가목 외의 자가 발주하는 공사: 2022년 1월 1일

### 공사예정금액의 규모별 건설기술인 배치기준(제35조제2항 관련)

| 공사예정금액의 규모 | 건설기술인의 배치기준 |
|---|---|
| 700억원 이상(법 제93조제1항이 적용되는 시설물이 포함된 공사인 경우에 한정한다) | 1. 기술사 |
| 500억원 이상 | 1. 기술사 또는 기능장<br>2. 「건설기술 진흥법」에 따른 건설기술인 중 해당 직무분야의 특급기술인으로서 해당 공사와 같은 종류의 공사현장에 배치되어 시공관리업무에 5년 이상 종사한 사람 |
| 300억원 이상 | 1. 기술사 또는 기능장<br>2. 기사 자격취득 후 해당 직무분야에 10년 이상 종사한 사람<br>3. 「건설기술 진흥법」에 따른 건설기술인 중 해당 직무분야의 특급기술인으로서 해당 공사와 같은 종류의 공사현장에 배치되어 시공관리업무에 3년 이상 종사한 사람 |
| 100억원 이상 | 1. 기술사 또는 기능장<br>2. 기사 자격취득 후 해당 직무분야에 5년 이상 종사한 사람<br>3. 「건설기술 진흥법」에 따른 건설기술인 중 다음 각 목의 어느 하나에 해당하는 사람<br>　가. 해당 직무분야의 특급기술인<br>　나. 해당 직무분야의 고급기술인으로서 해당 공사와 같은 종류의 공사현장에 배치되어 시공관리업무에 3년 이상 종사한 사람<br>4. 산업기사 자격취득 후 해당 직무분야에서 7년 이상 종사한 사람 |

| | |
|---|---|
| 30억원 이상 | 1. 기사 이상 자격취득자로서 해당 직무분야에 3년 이상 실무에 종사한 사람<br>2. 산업기사 자격취득 후 해당 직무분야에 5년 이상 종사한 사람<br>3. 「건설기술 진흥법」에 따른 건설기술인 중 다음 각 목의 어느 하나에 해당하는 사람<br>　가. 해당 직무분야의 고급기술인 이상인 사람<br>　나. 해당 직무분야의 중급기술인으로서 해당 공사와 같은 종류의 공사현장에 배치되어 시공관리업무에 3년 이상 종사한 사람 |
| 30억원 미만 | 1. 산업기사 이상 자격취득자로서 해당 직무분야에 3년 이상 실무에 종사한 사람<br>2. 「건설기술 진흥법」에 따른 건설기술인 중 다음 각 목의 어느 하나에 해당하는 사람<br>　가. 해당 직무분야의 중급기술인 이상인 사람<br>　나. 해당 직무분야의 초급기술인으로서 해당 공사와 같은 종류의 공사현장에 배치되어 시공관리업무에 3년 이상 종사한 사람 |

비고
1. 위 표에서 "해당 직무분야"란 「국가기술자격법」 제2조제3호에 따른 국가기술자격의 직무분야 중 중직무분야 또는 「건설기술 진흥법 시행령」 별표 1에 따른 직무분야를 말한다.
2. 위 표에서 "해당 공사와 같은 종류의 공사현장"이란 건설기술인을 배치하려는 해당 건설공사의 목적물과 종류가 같거나 비슷하고 시공기술상의 특성이 비슷한 공사를 말한다.
3. 위 표에서 "시공관리업무"란 건설공사의 현장에서 공사의 설계서 검토·조정, 시공, 공정 또는 품질의 관리, 검사·검측·감리, 기술지도 등 건설공사의 시공과 직접 관련되어 행하여지는 업무를 말한다.
4. 위 표에서 "시공관리업무" 및 "실무"에 종사한 기간에는 기술자격취득 이전의 경력이 포함된다.
5. 건설사업자가 시공하는 1건 공사의 공사예정금액이 5억원 미만의 공사인 경우에는 해당 업종에 관한 별표 2에 따른 등록기준 중 기술능력에 해당하는 사람으로서 해당 직무분야에서 3년 이상 종사한 사람을 배치할 수 있다.
6. 전문공사를 시공하는 업종을 등록한 건설사업자가 전문공사를 시공하는 경우로서 1건 공사의 공사예정금액이 1억원 미만의 공사인 경우에는 해당 업종에 관한 별표 2에 따른 등록기준 중 기술능력에 해당하는 사람을 배치할 수 있다.

## 3) 품질관리자 배치기준

■ 건설기술 진흥법 시행규칙 [별표 5] <개정 2022. 12. 30.>

**건설공사 품질관리를 위한 시설 및 건설기술자 배치기준**(제50조제4항 관련)

| 대상공사구분 | 공사규모 | 시험·검사장비 | 시험실규모 | 건설기술자 |
|---|---|---|---|---|
| 특급 품질관리 대상공사 | 영 제89조제1항제1호 및 제2호에 따라 품질관리계획을 수립해야 하는 건설공사로서 총공사비가 1,000억원 이상인 건설공사 또는 연면적 5만㎡ 이상인 다중이용 건축물의 건설공사 | 영 제91조제1항에 따른 품질검사를 실시하는 데에 필요한 시험·검사장비 | 50㎡ 이상 | 가. 품질관리 경력 3년 이상인 특급기술인 1명 이상<br>나. 중급기술인 이상인 사람 1명 이상<br>다. 초급기술인 이상인 사람 1명 이상 |
| 고급 품질관리 대상공사 | 영 제89조제1항제1호 및 제2호에 따라 품질관리계획을 수립해야 하는 건설공사로서 특급품질관리 대상 공사가 아닌 건설공사 | 영 제91조제1항에 따른 품질검사를 실시하는 데에 필요한 시험·검사장비 | 50㎡ 이상 | 가. 품질관리 경력 2년 이상인 고급기술인 이상인 사람 1명 이상<br>나. 중급기술인 이상인 사람 1명 이상<br>다. 초급기술인 이상인 사람 1명 이상 |
| 중급 품질관리 대상공사 | 총공사비가 100억원 이상인 건설공사 또는 연면적 5,000㎡ 이상인 다중이용 건축물의 건설공사로서 특급 및 고급품질관리 대상 공사가 아닌 건설공사 | 영 제91조제1항에 따른 품질검사를 실시하는 데에 필요한 시험·검사장비 | 20㎡ 이상 | 가. 품질관리 경력 1년 이상인 중급기술인 이상인 사람 1명 이상<br>나. 초급기술인 이상인 사람 1명 이상 |
| 초급 품질관리 대상공사 | 영 제89조제2항에 따라 품질시험계획을 수립해야 하는 건설공사로서 중급품질관리 대상 공사가 아닌 건설공사 | 영 제91조제1항에 따른 품질검사를 실시하는 데에 필요한 시험·검사장비 | 20㎡ 이상 | 초급기술인 이상인 사람 1명 이상 |

비고
1. 건설공사 품질관리를 위해 배치할 수 있는 건설기술인은 법 제21제1항에 따른 신고를 마치고 품질관리 업무를 수행하는 사람으로 한정하며, 해당 건설기술인의 등급은 영 별표 1에 따라 산정된 등급에 따른다.
2. 발주청 또는 인·허가기관의 장이 특히 필요하다고 인정하는 경우에는 공사의 종류·규모 및 현지 실정과 법 제60조제1항에 따른 국립·공립 시험기관 또는 건설엔지니어링사업자의 시험·검사대행의 정도 등을 고려하여 시험실 규모 또는 품질관리 인력을 조정할 수 있다.

---

**건설기술 진흥법 시행령**
[시행 2024. 1. 7.] [대통령령 제33212호, 2023. 1. 6., 일부개정]
**제89조(품질관리계획 등의 수립대상 공사)** ① 법 제55조제1항에 따른 품질관리계획(이하 "품질관리계획"이라 한다)을 수립해야 하는 건설공사는 다음 각 호의 건설공사로 한다. <개정 2014. 11. 11., 2020. 5. 26.>
 1. 감독 권한대행 등 건설사업관리 대상인 건설공사로서 총공사비(도급자가 설치하는 공사의 관급자재비를 포함하되, 토지 등의 취득·사용에 따른 보상비는 제외한 금액을 말한다. 이하 같다)가 500억원 이상인 건설공사
 2. 「건축법 시행령」 제2조제17호에 따른 다중이용 건축물의 건설공사로서 연면적이 3만제곱미터 이상인 건축물의 건설공사
 3. 해당 건설공사의 계약에 품질관리계획을 수립하도록 되어 있는 건설공사
 ② 법 제55조제1항에 따른 품질시험계획(이하 "품질시험계획"이라 한다)을 수립하여야 하는 건설공사는 제1항에 따른 품질관리계획 수립 대상인 건설공사 외의 건설공사로서 다음 각 호의 어느 하나에 해당하는 건설공사로 한다. 이 경우 품질시험계획에 포함하여야 하는 내용은 별표 9와 같다.
 1. 총공사비가 5억원 이상인 토목공사
 2. 연면적이 660제곱미터 이상인 건축물의 건축공사
 3. 총공사비가 2억원 이상인 전문공사
 ③ 제1항과 제2항에도 불구하고 건설사업자와 주택건설등록업자는 원자력시설공사와 건설공사의 성질상 품질관리계획 또는 품질시험계획을 수립할 필요가 없다고 인정되는 건설공사로서 국토교통부령으로 정하는 건설공사에 대해서는 품질관리계획 또는 품질시험계획을 수립하지 않을 수 있다. 다만, 건설공사의 설계도서에서 품질관리계획 또는 건설공사의 품질시험계획을 수립하도록 되어 있는 건설공사에 대해서는 품질관리계획 또는 품질시험계획을 수립해야 한다. <개정 2020. 1. 7.>
 ④ 품질관리계획은 「산업표준화법」 제12조에 따른 한국산업표준(이하 "한국산업표준"이라 한다)인 케이에스 큐 아이에스오(KS Q ISO) 9001 등에 따라 국토교통부장관이 정하여 고시하는 기준에 적합하여야 한다.

## 4) 안전관리자 배치기준(산업안전보건법 별표3)

**산업안전보건법 시행령 [별표 3] <개정 2022. 8. 16>**

안전관리자를 두어야 하는 사업의 종류, 사업장의 상시근로자 수, 안전관리자의 수 및 선임방법 (제16조제1항 관련)

| 사업의 종류 | 사업장의 상시근로자 수 | 안전관리자의 수 | 안전관리자의 선임방법 |
|---|---|---|---|
| 49. 건설업 | 공사금액 50억원 이상(관계수급인은 100억원 이상) 120억원 미만(「건설산업기본법 시행령」 별표 1 제1호가목의 토목공사업의 경우에는 150억원 미만) | 1명 이상 | 별표 4 제1호부터 제7호까지 및 제10호부터 제12호까지의 어느 하나에 해당하는 사람을 선임해야 한다. |
| | 공사금액 120억원 이상(「건설산업기본법 시행령」 별표 1 제1호가목의 토목공사업의 경우에는 150억원 이상) 800억원 미만 | | 별표 4 제1호부터 제7호까지 및 제10호의 어느 하나에 해당하는 사람을 선임해야 한다. |
| | 공사금액 800억원 이상 1,500억원 미만 | 2명 이상. 다만, 전체 공사기간을 100으로 할 때 공사 시작에서 15에 해당하는 기간과 공사 종료 전의 15에 해당하는 기간(이하 "전체 공사기간 중 전·후 15에 해당하는 기간"이라 한다) 동안은 1명 이상으로 한다. | 별표 4 제1호부터 제7호까지 및 제10호의 어느 하나에 해당하는 사람을 선임하되, 같은 표 제1호부터 제3호까지의 어느 하나에 해당하는 사람이 1명 이상 포함되어야 한다. |

| | 공사금액 1,500억원 이상 2,200억원 미만 | 3명 이상. 다만, 전체 공사기간 중 전·후 15에 해당하는 기간은 2명 이상으로 한다. | 별표 4 제1호부터 제7호까지 및 제12호의 어느 하나에 해당하는 사람을 선임하되, 같은 표 제12호에 해당하는 사람은 1명만 포함될 수 있고, 같은 표 제1호 또는 「국가기술자격법」에 따른 건설안전기술사(건설안전기사 또는 산업안전기사의 자격을 취득한 후 7년 이상 건설안전 업무를 수행한 사람이거나 건설안전산업기사 또는 산업안전산업기사의 자격을 취득한 후 10년 이상 건설안전 업무를 수행한 사람을 포함한다) 자격을 취득한 사람(이하 "산업안전지도사등"이라 한다)이 1명 이상 포함되어야 한다. |
|---|---|---|---|
| | 공사금액 2,200억원 이상 3천억원 미만 | 4명 이상. 다만, 전체 공사기간 중 전·후 15에 해당하는 기간은 2명 이상으로 한다. | |
| | 공사금액 3천억원 이상 3,900억원 미만 | 5명 이상. 다만, 전체 공사기간 중 전·후 15에 해당하는 기간은 3명 이상으로 한다. | 별표 4 제1호부터 제7호까지 및 제12호의 어느 하나에 해당하는 사람을 선임하되, 같은 표 제12호에 해당하는 사람이 1명만 포함될 수 있고, 산업안전지도사등이 2명 이상 포함되어야 한다. 다만, 전체 공사기간 중 전·후 15에 해당하는 기간에는 산업안전지도사등이 1명 이상 포함되어야 한다. |
| | 공사금액 3,900억원 이상 4,900억원 미만 | 6명 이상. 다만, 전체 공사기간 중 전·후 15에 해당하는 기간은 3명 이상으로 한다. | |

| | 공사금액 4,900억원 이상 6천억원 미만 | 7명 이상. 다만, 전체 공사기간 중 전·후 15에 해당하는 기간은 4명 이상으로 한다. | 별표 4 제1호부터 제7호까지 및 제12호의 어느 하나에 해당하는 사람을 선임하되, 같은 표 제12호에 해당하는 사람은 2명까지만 포함될 수 있고, 산업안전지도사등이 2명 이상 포함되어야 한다. 다만, 전체 공사기간 중 전·후 15에 해당하는 기간에는 산업안전지도사등이 2명 이상 포함되어야 한다. |
|---|---|---|---|
| | 공사금액 6천억원 이상 7,200억원 미만 | 8명 이상. 다만, 전체 공사기간 중 전·후 15에 해당하는 기간은 4명 이상으로 한다. | |
| | 공사금액 7,200억원 이상 8,500억원 미만 | 9명 이상. 다만, 전체 공사기간 중 전·후 15에 해당하는 기간은 5명 이상으로 한다. | 별표 4 제1호부터 제7호까지 및 제12호의 어느 하나에 해당하는 사람을 선임하되, 같은 표 제12호에 해당하는 사람은 2명까지만 포함될 수 있고, 산업안전지도사등이 3명 이상 포함되어야 한다. 다만, 전체 공사기간 중 전·후 15에 해당하는 기간에는 산업안전지도사등이 3명 이상 포함되어야 한다. |
| | 공사금액 8,500억원 이상 1조원 미만 | 10명 이상. 다만, 전체 공사기간 중 전·후 15에 해당하는 기간은 5명 이상으로 한다. | |
| | 1조원 이상 | 11명 이상[매 2천억원(2조원이상부터는 매 3천억원)마다 1명씩 추가한다]. 다만, 전체 공사기간 중 전·후 15에 해당하는 기간은 선임 대상 안전관리자 수의 2분의 1(소수점 이하는 올림한다) 이상으로 한다. | |

비고
1. 철거공사가 포함된 건설공사의 경우 철거공사만 이루어지는 기간은 전체 공사기간에는 산입되나 전체 공사기간 중 전·후 15에 해당하는 기간에는 산입되지 않는다. 이 경우 전체 공사기간 중 전·후 15에 해당하는 기간은 철거공사만 이루어지는 기간을 제외한 공사기간을 기준으로 산정한다.
2. 철거공사만 이루어지는 기간에는 공사금액별로 선임해야 하는 최소 안전관리자 수 이상으로 안전관리자를 선임해야 한다.

## 5) 안전관리자 배치기준(산업안전보건법 별표4)

**산업안전보건법 시행령 [별표 4]** <개정 2022. 8. 16.>

### 안전관리자의 자격(제17조 관련)

안전관리자는 다음 각 호의 어느 하나에 해당하는 사람으로 한다.
1. 법 제143조제1항에 따른 산업안전지도사 자격을 가진 사람

2. 「국가기술자격법」에 따른 산업안전산업기사 이상의 자격을 취득한 사람

3. 「국가기술자격법」에 따른 건설안전산업기사 이상의 자격을 취득한 사람

4. 「고등교육법」에 따른 4년제 대학 이상의 학교에서 산업안전 관련 학위를 취득한 사람 또는 이와 같은 수준 이상의 학력을 가진 사람

5. 「고등교육법」에 따른 전문대학 또는 이와 같은 수준 이상의 학교에서 산업안전 관련 학위를 취득한 사람

6. 「고등교육법」에 따른 이공계 전문대학 또는 이와 같은 수준 이상의 학교에서 학위를 취득하고, 해당 사업의 관리감독자로서의 업무(건설업의 경우는 시공실무경력)를 3년(4년제 이공계 대학 학위 취득자는 1년) 이상 담당한 후 고용노동부장관이 지정하는 기관이 실시하는 교육(1998년 12월 31일까지의 교육만 해당한다)을 받고 정해진 시험에 합격한 사람. 다만, 관리감독자로 종사한 사업과 같은 업종(한국표준산업분류에 따른 대분류를 기준으로 한다)의 사업장이면서, 건설업의 경우를 제외하고는 상시근로자 300명 미만인 사업장에서만 안전관리자가 될 수 있다.

7. 「초·중등교육법」에 따른 공업계 고등학교 또는 이와 같은 수준 이상의 학교를 졸업하고, 해당 사업의 관리감독자로서의 업무(건설업의 경우는 시공실무경력)를 5년 이상 담당한 후 고용노동부장관이 지정하는 기관이 실시하는 교육(1998년 12월 31일까지의 교육만 해당한다)을 받고 정해진 시험에 합격한 사람. 다만, 관리감독자로 종사한 사업과 같은 종류인 업종(한국표준산업분류에 따른 대분류를 기준으로 한다)의 사업장이면서, 건설업의 경우를 제외하고는 별표 3 제28호 또는 제33호의 사업을 하는 사업장(상시근로자 50명 이상 1천명 미만인 경우만 해당한다)에서만 안전관리자가 될 수 있다.

8. 다음 각 목의 어느 하나에 해당하는 사람. 다만, 해당 법령을 적용받은 사업에서만 선임될 수 있다.
   가. 「고압가스 안전관리법」 제4조 및 같은 법 시행령 제3조제1항에 따른 허가를 받은 사업자 중 고압가스를 제조·저장 또는 판매하는 사업에서 같은 법 제15조 및 같은 법 시행령 제12조에 따라 선임하는 안전관리 책임자
   나. 「액화석유가스의 안전관리 및 사업법」 제5조 및 같은 법 시행령 제3조에 따른 허가를 받은 사업자 중 액화석유가스 충전사업·액화석유가스 집단공급사업 또는 액화석유가스 판매사업에서 같은 법 제34조 및 같은 법 시행령 제15조에 따라 선임하는 안전관리책임자
   다. 「도시가스사업법」 제29조 및 같은 법 시행령 제15조에 따라 선임하는 안전관리 책임자
   라. 「교통안전법」 제53조에 따라 교통안전관리자의 자격을 취득한 후 해당 분야에 채용된 교통안전관리자
   마. 「총포·도검·화약류 등의 안전관리에 관한 법률」 제2조제3항에 따른 화약류를 제조·판매 또는 저장하는 사업에서 같은 법 제27조 및 같은 법 시행령 제54조·제55조에 따라 선임하는 화약류제조보안책임자 또는 화약류관리보안책임자
   바. 「전기안전관리법」 제22조에 따라 전기사업자가 선임하는 전기안전관리자

9. 제16조제2항에 따라 전담 안전관리자를 두어야 하는 사업장(건설업은 제외한다)에서 안전 관련 업무를 10년 이상 담당한 사람

10. 「건설산업기본법」 제8조에 따른 종합공사를 시공하는 업종의 건설현장에서 안전보건관리책임자로 10년 이상 재직한 사람
11. 「건설기술 진흥법」에 따른 토목·건축 분야 건설기술인 중 등급이 중급 이상인 사람으로서 고용노동부장관이 지정하는 기관이 실시하는 산업안전교육(2023년 12월 31일까지의 교육만 해당한다)을 이수하고 정해진 시험에 합격한 사람

12. 「국가기술자격법」에 따른 토목산업기사 또는 건축산업기사 이상의 자격을 취득한 후 해당 분야에서의 실무경력이 다음 각 목의 구분에 따른 기간 이상인 사람으로서 고용노동부장관이 지정하는 기관이 실시하는 산업안전교육(2023년 12월 31일까지의 교육만 해당한다)을 이수하고 정해진 시험에 합격한 사람
    가. 토목기사 또는 건축기사: 3년
    나. 토목산업기사 또는 건축산업기사: 5년

## 6) LH공사 건설기술자 배치기준(LH공사 공업무지침서(2022.12.20.27차)

**단지분야**  [별표 3] **건설기술인 배치기준**(단지분야) (5.4.2 관련)

1. 적용범위

   단지분야 건설공사에 대하여 적용한다.

**2. 건설기술인 배치계획 제출**

   수급인은 착공신고서 제출 시 별지 제5호서식의 "건설기술인 배치계획서"를 작성하여 감독자에게 제출 및 승낙을 득한 후 현장에 배치하여야 한다.

3. 건설기술인 배치기준

   3.1 계약시점의 관련법, 계약서류 등의 개정으로 인해 배치기준이 상이할 수 있으므로 계약조건, 적격심사서류, PQ심사서류, 종합심사낙찰제(간이형 포함) 심사서류, 공사시방서 등의 기준을 우선 적용한다.

| 구 분 | 배 치 기 준 |
|---|---|
| 현장대리인 | ○ [건설공사]<br>　입찰시점 배치기술인 심사시 취득한 점수 이상의 점수를 획득할 수 있는 자<br>　- 입찰심사 제외 대상인 경우 「건설산업기본법 시행령」제35조 (건설기술인의 현장배치기준 등)의 별표 5에 따른 자격요건을 충족하는 자<br>○ [전기·정보통신공사]<br>　「전기공사업법 시행령」제12조(전기공사기술인의 시공관리 구분)의 별표4,「정보통신공사업법 시행령」제34조(정보통신기술자의 현장배치기준 등)에 따른 자격요건을 충족하는 자로써 당해 동종공사 참여경력 3년 이상인 자 |
| 공사책임자 | ○ 입찰시점 배치기술인 심사시 취득한 점수 이상의 점수를 획득할 수 있는 자<br>　- 입찰심사 제외 대상인 경우 당해·동종공사, 유사공사 참여 경력이 있는 건설기술진흥법령상의 동종 직무분야 초급기술인 이상인 자<br>　※ 추정가격 100억원 미만 건설공사(조경공사는 50억원 미만), 조경 식재유지관리공사, 전기·정보통신공사의 경우 배치 제외 |

| 구분 | 내용 |
|---|---|
| 공무책임자 | o 입찰시점 배치기술인 심사시 취득한 점수 이상의 점수를 획득할 수 있는 자<br>- 입찰심사 제외 대상인 경우 당해·동종공사 또는 유사공사의 현장 공무경력과 본사의 공무, 본사의 공사견적 경력이 있는 건설기술진흥법령상의 동종 직무분야 초급기술인 이상인 자<br>※ 추정가격 100억원 미만 건설공사, 조경공사, 전기·정보통신공사의 경우 배치 제외 |
| 품질관리자 | o 입찰시점 배치기술인 심사시 취득한 점수 이상의 점수를 획득할 수 있는 자<br>- 입찰심사 제외 대상인 경우 「건설기술 진흥법 시행규칙」 별표 5의 건설기술인 등급 요건을 충족하는 자<br>※ 조경 식재유지관리공사, 전기·정보통신공사의 경우 배치 제외 |
| 안전관리자 | o 입찰시점 배치기술인 심사시 취득한 점수 이상의 점수를 획득할 수 있는 자<br>- 입찰 심사제외 대상인 경우 「산업안전보건법 시행령」 별표 3 및 별표 4의 자격요건을 충족하는 자<br>※ 조경 식재유지관리공사의 경우 배치 제외 |
| 공종별 기술인 | o 아래의 기준을 참고하여 배치여부를 탄력적으로 운영할 수 있다.<br><토목 발주공사><br><br>| 공사 구분 | 사업규모 | 배치기준 |<br>|---|---|---|<br>| 단지 조성공사 | 330,000㎡ 이상 660,000㎡ 미만 | 토목기술인 1~2인 이상 |<br>| | 660,000㎡ 이상 990,000㎡ 미만 | 토목기술인 2~3인 이상 |<br>| | 990,000㎡ 이상 | 토목기술인 3인 + 1인/330,000㎡당 이상 |<br><br><조경 발주공사><br>o 조경기술자 수 : 조경기술자 1인 이상<br>※ 조경 식재유지관리공사의 경우 배치 제외 |

## 3.2. 적정성 판단 세부기준

가. "당해·동종공사"란 다음기준에 따른다.

　　1) 토목공사 : 대지조성, 단지조성(공업단지, 농공단지, 물류단지, 산업단지 등 포함) 택지개발, 토지구획정리사업, 경제자유구역, 보금자리주택단지사업 참여경력

　　2) 조경공사 : 대지조성, 단지조성(아파트단지, 산업단지, 리조트단지, 공원 등 포함), 택지개발, 도시기반시설 조경공사

　　3) 전기공사 : 「전기공사업법 시행령」 별표 1(전기공사의 종류)를 준용한 공사 참여경력
　　　　　　(예 : 도로전기설비공사, 산업시설물의 전기설비공사 등)

　　4) 정보통신공사 : 「정보통신공사업법시행령」 별표 1(공사의 종류)를 준용한 공사 참여경력
　　　　　　(예 : 정보제어·보안설비 공사 등)

나. "유사공사"란 다음기준에 따른다.

　　1) 토목공사 : 나. 1)의 참여경력을 제외한 토목공사 참여 경력

　　2) 조경공사 : 나. 4)의 참여경력을 제외한 모든 조경공사

다. "안전관리자"는 「산업안전보건법 시행령」별표 3, 별표 4에 규정된 자격 및 인원수 등의 요건을 만족해야하며, 안전관리 경력은 배치인원 중 상위 직급자를 적용한다.

라. "공종별 기술인"은 현장대리인, 공종별 공사책임자, 공무책임자, 품질관리자, 안전관리자를 제외한 기술인으로, "경험이 있는 기술인"란 「건설기술 진흥법」에 따른 동종 직무분야 초급이상의 기술인을 말한다.

마. 자격요건은 한국건설기술인협회(또는 한국전기기술인협회)에서 발행한 경력증명서의 공사종류 및 공법, 기술분야 및 전문분야, 담당업무 란에 기재된 내용에 의하되 1개 사업명에 1개의 주된 분야로 등록된 경우에 한해 적용 한다(2개 분야 이상 등록된 경우는 주된 분야 표기).

바. 건설기술인의 소속 및 경력산정 기준일은 건설기술인 배치계획 서류 제출일로 산정한다.

사. LH의 부조리 관련 제재기준에 따라 제재 중에 있는 건설기술인은 배치할 수 없으며, 제재여부를 COTIS 건설기술정보시스템에서 확인하여야 한다(필요 시 건설관리부서로 확인 요청).

## 3.3. 건설기술인의 추가배치 등

가. 수급인은 다음기준에 해당되어 LH로부터 요구를 받은 경우에는 품질확보에 필요한 건설기술인을 추가 배치하여야 한다.

　　1) 건설공사 수행과정에서 시공품질이 극히 저조하거나 공정지연이 과다하여 정상적인 공사추진을 위해 필요한 경우

　　2) 공사규모 및 현장여건 등을 고려하여 건설공사 품질확보를 위해 필요한 경우

나. 수급인은 다음기준에 따라 착공시점 및 착공 후 반드시 상주할 필요가 없다고 판단되는 경우

담당 감독자의 승인을 받아 일정기간 현장에 상주하지 않을 수 있다.

| 상 주 기 준 ||
|---|---|
| 착공시점 상주계획<br>(해당 공종별 착공시점 기준) | 착공 후 상주계획 |
| ο 현장대리인, 안전관리자, 품질관리자(시험관리인 포함), 공무책임자, 공종별 공사책임자 및 기술인 1인 | ο 그 밖에 인원의 상주계획은 현장의 공사 추진상태에 따라 감독자와 협의하여 결정<br><br>ο 동절기 공사불능기간 및 공사추진 여건상 반드시 상주할 필요가 없다고 판단되는 경우, 현장대리인이 아닌 기술인은 감독자의 승인을 받아 일정기간 현장에 상주하지 않을 수 있다. |

다. 수급인은 시공 중 불가피한 사유로 건설기술인을 변경하고자 할 경우에는 다음의 기준에 따라 건설기술인 배치계획서(별지 제5호서식), 청렴서약서(별지 제8호서식) 및 개인정보 수집·이용 동의서(별지 제10호서식)를 제출하여 LH의 사전 승인을 받아야 하며, 이 경우에도 LH의 부조리 관련 제재기준에 따라 제재기간 중에 있는 건설기술인은 배치할 수 없다.(COTIS 건설기술정보시스템에서 제재여부 확인).
 1) 해당 건설공사 입찰방법에 따른 배치기술인 심사 시 취득한 점수 이상을 획득할 수 있는 자
 2) 입찰 시 배치기술인 심사를 받지 않는 기술인은 배치기준 범위 내
라. 공동계약일 경우 기획재정부 「(계약예규)공동계약운용요령」 제13조제5항에 따라 1개사 기술인력의 단독배치는 불가하다.
마. 2개 이상의 건설공사가 통합하여 발주된 경우 각각의 건설공사 현장별로 건설기술인을 지정, 배치하고 현장에 상주하여야 한다.
바. 수급인은 LH 부조리 관련 규정을 위반한 건설기술인의 공사 참여를 배제하여야 하며, 즉시 다른 건설기술인으로 교체하여야 한다.

**주택분야** 별표 3의2 (추정가격 300억원이상) **건설기술인 배치기준**(주택분야)(5.4.2 관련)

1. 적용범위

   추정가격 기준 300억원 이상 건설공사(주택분야)에 대하여 적용한다(다만, 건축포함 통합 발주되는전기, 정보통신공사 및 소방공사의 경우 별표 3의3을 준용한다).

2. 건설기술인 배치계획 제출

   수급인은 착공신고서 제출 시 별지 제5호서식의 "건설기술인 배치계획서"를 작성하여 감독자에게 제출 및 승낙을 득한 후 현장에 배치하여야 한다.

3. 건설기술인 배치기준

| 구 분 | 배 치 기 준 |
|---|---|
| 현장대리인 | ○ 당해·동종공사 및 유사공사 현장대리인 등 참여경력 5년 이상인 자<br>○ 경력 인정범위 : 각각의 경력을 합산함<br>  - 당해·동종공사 및 유사공사 현장대리인 경력<br>  - 시공, 유지관리, 품질관리자 및 현장공무 경력: 당해·동종공사 및 유사공사 전체 참여경력의 일부인정 |
| 공사책임자<br>(공종별) | ○ 당해·동종공사 및 유사공사의 시공 및 유지관리 경력 5년 이상인 자<br>※ 발주된 공종별(건축, 기계, 토목, 조경 등) 공사책임자 각 1인 배치(주택건설부문)<br>   단, 건축포함 통합 발주공사로서 단지규모가 150세대 이하인 경우 건축책임자만 배치<br>※ 조경 식재유지관리공사의 경우 배치 제외 |
| 공무책임자 | ○ 당해·동종공사 및 유사공사의 현장 공무경력과 본사의 공무, 본사의 건설관리 및 공사견적 경력을 포함하여 5년 이상인 자<br>※ 조경공사의 경우 배치 제외 |
| 품질관리자 | ○ 건설기술진흥법령상의 품질관리자 자격요건을 갖춘 자<br>※ 조경 식재유지관리공사의 경우 배치 제외 |
| 안전관리자 | ○ 산업안전보건법령상의 안전관리자 자격요건을 갖춘 자로써 안전관리 경력 3년 이상인 자<br>※ 조경 식재유지관리공사의 경우 배치 제외 |

| 공종별 기술인 (주택건설) | <건축+기계(+단지토목) 발주공사> o 건축기술인 수 |
|---|---|

| 공공분양, 공공임대 | | 국민임대·행복주택·영구임대 | |
|---|---|---|---|
| 60㎡형 이상 | 150세대 당 1인 | 40㎡형 이상 | 210세대 당 1인 |
| 60㎡형 미만 | 180세대 당 1인 | 40㎡형 미만 | 240세대 당 1인 |

o 기계기술인 수
 - 공공분양, 공공임대 : 600세대 당 1인
 - 국민임대·행복주택·영구임대 : 900세대 당 1인
o 토목기술인 수 : 토목책임자 미 배치 시 배치(단지규모가 150세대이하인 경우)
o 당해·동종공사 및 유사공사에 3년이상 참여한 경험이 있는 기술인 수 : 각 공종별 기술자 수의 70% 이상

<조경 또는 조경포함 발주공사>
o 조경기술인 수 : 조경기술인 1인 이상
o 당해·동종공사 및 유사공사에 3년 이상 참여한 경험이 있는 기술인 1인 포함
  ※ 조경 식재유지관리공사의 경우 배치 제외

### 3.1. 적정성 판단 세부기준

가. "현장대리인"은 「건설산업기본법 시행령」 별표 5에 해당하는 자격을 갖춘 자로서 당해·동종 및 유사공사의 현장대리인, 시공관리책임자, 공공기관소속 상주감독, 시공, 유지관리, 현장공무, 품질관리자 경력을 적용한다. 단, 시공, 유지관리, 현장공무, 품질관리자 경력의 경우 동종공사는 25%, 유사공사는 12.5% 인정한다.

나. "당해·동종공사"란 아래기준에 의하며 동 경력은 100% 인정한다.
  1) 토목공사 : 대지조성, 단지조성(공업단지, 농공단지, 물류단지, 산업단지 등 포함) 택지개발, 토지구획정리사업, 경제자유구역, 보금자리주택단지사업 참여경력
  2) 건축 및 기계공사 : 공동주택 건설공사 참여경력
  3) 건축, 기계, 토목공사로 발주한 공사 중 토목공사 : 공동주택 건설공사의 토목 공사 참여경력
  4) 조경공사 : 대지조성, 단지조성(아파트단지, 산업단지, 리조트단지, 공원 등 포함), 택지개발, 도시기반시설 조경공사

다. "유사공사"란 아래기준에 의하며 동 경력은 50% 인정한다.
  1) 토목공사 : 나. 1)의 참여경력을 제외한 토목공사 참여 경력
  2) 건축 및 기계공사 : 콘도미니엄, 오피스텔, 연수원, 여관, 호텔 등 공동주택과 유사한 건

설공사 참여경력

　3) 건축, 기계, 토목공사로 발주한 공사 중 토목공사 : 나. 2)항의 참여경력을 제외한 토목공사 참여경력

　4) 조경공사 : 나. 4)의 참여경력을 제외한 모든 조경공사

라. "안전관리자"는 「산업안전보건법시행령」별표 3, 별표4에 규정된 자격 및 인원수 등의 요건을 만족해야하며, 안전관리 경력은 배치인원 중 상위 직급자를 적용한다.

마. "공종별 기술자"는 현장대리인, 공종별 공사책임자, 공무책임자, 품질관리자, 안전관리자를 제외한 인원을 배치해야 하며, "경험이 있는 기술자"란 건설기술진흥법에 의한 초급이상의 기술자를 말한다.

바. 자격요건은 한국건설기술인협회에서 발행한 경력증명서의 공사종류 및 공법, 기술분야 및 전문분야, 담당업무 란에 기재된 내용에 의하되 1개 사업명에 1개의 주된 분야로 등록된 경우에 한해 적용한다. (2개 분야 이상 등록된 경우는 주된 분야 표기)

사. 건설기술인의 소속 및 경력산정 기준일은 건설기술인 배치계획 서류 제출일로 산정한다.

아. LH의 부조리관련 제재기준에 따라 제재기간 중에 있는 건설기술인은 배치할 수 없으며, 제재여부를 COTIS 건설기술정보시스템에서 확인하여야 한다.(필요 시 건설관리부서로 확인 요청)

## 3.2. 건설기술인의 추가배치 등

가. 수급인은 아래기준에 해당되어 LH로부터 요구를 받은 경우에는 품질확보에 필요한 건설기술인를 추가 배치하여야 한다.

　1) 건설공사 수행과정에서 시공품질이 극히 저조하거나 공정지연이 과다하여 정상적인 공사 추진을 위해 필요한 경우

　2) 공사규모 및 현장여건 등을 고려하여 건설공사 품질확보를 위해 필요한 경우

나. 수급인은 아래기준에 따라 착공시점 및 착공 후 반드시 상주할 필요가 없다고 판단되는 경우 담당 감독자의 승낙을 거쳐 일정기간 현장에 상주하지 않을 수 있다.

| 상 주 기 준 ||
|---|---|
| 착공시점 상주계획<br>(해당 공종별 착공시점 기준) | 착공후 상주계획 |
| o 현장대리인, 안전관리자, 품질관리자(시험관리인 포함), 공무책임자, 공종별 공사책임자 및 기술자 1인 | o 기타 인원의 상주계획은 현장의 공사 추진상태에 따라 감독자와 협의하여 결정<br>o 동절기 공사불능기간 및 공사추진 여건상 반드시 상주할 필요가 없다고 판단되는 경우, 현장대리인이 아닌 기술자는 감독자의 승낙을 거쳐 일정기간 현장에 상주하지 않을 수 있다. |

다. 수급인은 시공 중 불가피한 사유로 건설기술인을 변경하고자 할 경우에는 다음의 기준에 따라 건설기술인 배치계획서(별지 제5호서식), 청렴서약서(별지 제8호서식) 및 개인정보 수집·이용 동의서(별지 제10호서식)를 제출하여 LH의 사전 승인을 받아야 하며, 이 경우에도 LH의 부조리 관련 제재기준에 따라 제재기간 중에 있는 건설기술인은 배치할 수 없다. (COTIS 건설기술정보시스템에서 제재여부 확인)
   1) 해당 건설공사 입찰방법에 따른 배치기술자 심사 시 취득한 점수 이상을 획득할 수 있는 기술인으로 대체
   2) 입찰 시 배치기술자 심사를 받지 않는 기술인은 동등한 배치기준 범위 내에서 대체
라. 공동계약일 경우 「기획재정부-회계예규-공동계약 운용요령」 제13조 제5항에 따라 1개사 기술인력의 단독배치는 불가하다.
마. 2개 이상의 건설공사가 통합하여 발주된 경우 각각의 건설공사 현장별로 건설기술인을 지정, 배치하고 현장에 상주하여야 한다.
바. 수급인은 LH 부조리 관련 규정을 위반한 건설기술인의 공사 참여를 배제하여야 하며, 즉시 다른 건설기술인으로 교체하여야 한다.

**주택분야**  별표 3의3 (추정가격 300억원 미만)**건설기술인 배치기준**(주택분야)(5.4.2 관련)

## 1. 적용범위

추정가격 기준 300억원 미만 건설공사(주택분야)에 대하여 적용한다(다만, 조경공사, 전기·정보통신공사 및 소방공사의 경우 계약금액 기준 50억원 이상 공사에 대하여 적용한다).

## 2. 건설기술인 배치계획 제출

수급인은 착공신고서 제출시 별지 제5호서식의 "건설기술인 배치계획서"를 작성하여 감독자 에게 제출 및 승낙을 받은 후 현장에 배치하여야 한다.

## 3. 건설기술인 배치기준

| 구 분 | 배 치 기 준 |
|---|---|
| 현장대리인 | ○ [건설공사]<br>「건설산업기본법 시행령」제35조 (건설기술인의 현장배치기준 등)의 별표 5에 따른 자격요건을 충족하는 자로서 「간이형 공사계약 종합심사낙찰제 세부심사기준」 별표 3 배치기술자(현장대리인) 심사의 배점한도(10점)를 만족하는 자<br>※ 다만, 간이형 종심제 대상공사의 경우 배치기술자 심사 시 제출한 기술인을 배치<br>○ [전기공사]<br>「전기공사업법 시행령」제12조 (전기공사기술자의 시공관리의 구분)의 별표 4 (전기공사기술자의 시공관리구분)에 따른 자격요건을 충족하는 자로서 당해 동종공사(공동주택) 참여경력 3년 이상인 자<br>○ [정보통신공사]<br>「정보통신공사업법 시행령」제34조 (정보통신기술자의 현장배치기준 등)에 따른 자격요건을 충족하는 자로서 당해 동종공사(공동주택) 참여경력 3년 이상인 자<br>○ [소방공사]<br>「소방시설공사업법 시행령」제3조 (소방기술자의 배치기준 및 배치기간)의 별표 2에 따른 자격요건을 충족하는 자 |

| 구분 | 내용 |
|---|---|
| 공사책임자<br>(공종별) | o 당해·동종공사 및 유사공사 참여 경력이 있는 자로서 건설기술진흥법령상의 동종 직무분야 초급기술인 이상인 자 (다만, 건축 공사책임자는 중급기술인 이상인 자)<br>※ 발주된 공종별 (건축, 기계, 토목, 조경, 전기·정보통신 등) 각 1인 배치 (주택건설부문)<br>    다만, 건축포함 통합 발주공사로서 단지규모가 150세대 이하인 경우 공종별<br>    공사책임자 미배치 (현장대리인이 건축 공사책임자 겸무 가능)<br>※ 조경 식재유지관리공사 및 분리발주되는 전기공사, 정보통신공사, 소방공사의 경우 배치 제외<br>※ 건축포함 통합발주지구의 전기공사, 정보통신공사, 소방공사 공사책임자는 현장대리인 자격 및 경력기준을 만족하는 자를 배치 |
| 공무책임자 | o 당해·동종공사 및 유사공사의 현장 공무경력 또는 본사 공무, 건설관리, 공사견적 경력이 있는 자로서 건설기술진흥법령상의 동종 직무분야 초급기술인 이상인 자<br>※ 조경공사, 전기공사, 정보통신공사, 소방공사의 경우 배치 제외 |
| 품질관리자 | o 건설기술진흥법령상의 품질관리자 자격요건을 갖춘 자<br>※ 조경 식재유지관리공사, 전기공사, 정보통신공사, 소방공사의 경우 배치 제외 |
| 안전관리자 | o 산업안전보건법령상의 안전관리자 자격요건을 충족하는 자<br>※ 조경 식재유지관리공사의 경우 배치 제외 |
| 공종별 기술인<br>(주택건설) | <건축+기계(+단지토목) 발주공사><br>o 건축기술인 수<br><br>| 유형구분 없음 ||<br>|---|---|<br>| 240세대 이하 | 미배치 |<br>| 240세대 초과 | 240세대 당 1인 |<br><br>※ 다만, 건축 공사책임자 미배치 시 1인 배치 (단지규모 150세대 이하인 경우)<br>o 기계기술인 수 : 기계 공사책임자 미 배치 시 배치 (단지규모 150세대 이하인 경우)<br>o 토목기술인 수 : 토목 공사책임자 미 배치 시 배치 (단지규모 150세대 이하인 경우)<br>o 건설기술진흥법령상의 동종 직무분야 초급기술인 이상인 자<br><br><조경 또는 조경포함 발주공사><br>o 조경기술인 수 : 조경기술인 1인 이상<br>o 당해·동종공사 및 유사공사에 3년 이상 참여한 경험이 있는 기술인 1인 포함<br>※ 조경 식재유지관리공사의 경우 배치 제외<br>※ 조경 별도발주 공사는 위 기준을 참고하여 배치여부를 탄력적으로 운영<br><br><전기·정보통신 또는 전기·정보통신 포함 발주공사><br>o 전기기술인 수 : 600세대 당 1인 이상<br>o 정보통신기술인 수 : 세대수에 관계없이 1인 이상<br>o 「전기공사업법」, 「정보통신공사업법」에 따른 초급기술인 이상인 자 |

## 3.1. 적정성 판단 세부기준

가. "배치기술자(현장대리인) 심사 배점한도"란 「간이형 공사계약 종합심사낙찰제 세부심사기준」 별표 3 공사수행능력 세부 심사방법에 따른다.

나. "당해 동종공사"란 다음기준에 따른다.

1) 토목공사 : 대지조성, 단지조성(공업단지, 농공단지, 물류단지, 산업단지 등 포함) 택지개발, 토지구획정리사업, 경제자유구역, 보금자리주택단지사업 참여경력

2) 건축 및 기계공사 : 공동주택 건설공사 참여경력

3) 건축, 기계, 토목공사로 발주한 공사 중 토목공사 : 공동주택 건설공사의 토목 공사 참여경력

4) 조경공사 : 대지조성, 단지조성(아파트단지, 산업단지, 리조트단지, 공원 등 포함), 택지개발, 도시기반시설 조경공사

5) 전기공사 : 「전기공사업법 시행령」 별표 1(전기공사의 종류)의 "건축물의 전기설비공사" 중 공동주택 전기공사 참여경력

6) 정보통신공사 : 공동주택 정보통신공사 참여경력

다. "당해 유사공사"란 다음기준에 따른다.

1) 토목공사 : 나. 1)의 참여경력을 제외한 토목공사 참여 경력

2) 건축 및 기계공사 : 콘도미니엄, 오피스텔, 연수원, 여관, 호텔 등 공동주택과 유사한 건설공사 참여경력

3) 건축, 기계, 토목공사로 발주한 공사 중 토목공사 : 나. 2)의 참여경력을 제외한 토목공사 참여경력

4) 조경공사 : 나. 4)의 참여경력을 제외한 모든 조경공사

5) 전기공사 : 「전기공사업법 시행령」 별표 1(전기공사의 종류)의 "건축물의 전기설비공사" 중 공동주택 전기공사 참여경력을 제외한 기타공사 참여경력

6) 정보통신공사 : 나. 6)의 참여경력을 제외한 모든 정보통신공사

라. "안전관리자"는 「산업안전보건법 시행령」 별표 3, 별표 4에 규정된 자격 및 인원수 등의 요건을 만족하여야 한다.

마. "공종별 기술인"은 현장대리인, 공종별 공사책임자, 공무책임자, 품질관리자, 안전관리자를 제외한 인원을 배치하여야 한다.

바. 자격요건은 한국건설기술인협회(또는 한국전기기술인협회, 한국정보통신공사협회)에서 발행한 경력증명서의 공사종류 및 공법, 기술분야 및 전문분야, 담당업무 란에 기재된 내용에 의하되 1개 사업명에 1개의 주된 분야로 등록된 경우에 한해 적용 한다 (2개 분야 이상 등록된 경우는 주된 분야 표기).

사. 건설기술인의 소속 및 경력산정 기준일은 건설기술인 배치계획 서류 제출일로 산정한다.

아. LH의 부조리 관련 제재기준에 따라 제재 중에 있는 건설기술인은 배치할 수 없으며, 제재여부를 COTIS 건설기술정보시스템에서 확인하여야 한다(필요 시 건설관리부서로 확인 요청).

### 3.2. 건설기술인의 추가배치 등

가. 수급인은 다음기준에 해당되어 LH로부터 요구를 받은 경우에는 품질확보에 필요한 건설기술인을 추가 배치하여야 한다.

　1) 건설공사 수행과정에서 시공품질이 극히 저조하거나 공정지연이 과다하여 정상적인 공사추진을 위해 필요한 경우

　2) 공사규모 및 현장여건 등을 고려하여 건설공사 품질확보를 위해 필요한 경우

나. 수급인은 다음기준에 따라 착공시점 및 착공 후 반드시 상주할 필요가 없다고 판단되는 경우 담당 감독자의 승인을 받아 일정기간 현장에 상주하지 않을 수 있다.

| 상 주 기 준 ||
|---|---|
| 착공시점 상주계획<br>(해당 공종별 착공시점 기준) | 착공후 상주계획 |
| o 현장대리인, 안전관리자, 품질관리자(시험관리인 포함), 공무책임자, 공종별 공사책임자 및 기술인 1인 | o 그 밖에 인원의 상주계획은 현장의 공사 추진상태에 따라 감독자와 협의하여 결정<br><br>o 동절기 공사불능기간 및 공사추진 여건상 반드시 상주할 필요가 없다고 판단되는 경우, 현장대리인이 아닌 기술인은 감독자의 승인을 받아 일정기간 현장에 상주하지 않을 수 있다. |

다. 수급인은 시공 중 불가피한 사유로 건설기술인을 변경하고자 할 경우에는 다음의 기준에 따라 별지 제5호서식의 건설기술인 배치계획서, 별지 제8호서식의 청렴서약서 및 별지 제10호서식의 개인정보 수집·이용 동의서를 제출하여 LH의 사전 승인을 받아야 하며, 이 경우에도 LH의 부조리 관련 제재기준에 따라 제재기간 중에 있는 건설기술인은 배치할 수 없다(COTIS 건설기술정보시스템에서 제재여부 확인).

　1) 해당 건설공사 입찰방법에 따른 배치기술자 심사 시 취득한 점수 이상을 획득할 수 있는 기술인으로 대체

　2) 입찰 시 배치기술자 심사를 받지 않는 기술인은 동등한 배치기준 범위 내에서 대체

라. 공동계약일 경우 기획재정부 「(계약예규)공동계약운용요령」 제13조제5항에 따라 1개사 기술인력의 단독배치는 불가하다.

마. 2개 이상의 건설공사가 통합하여 발주된 경우 각각의 건설공사 현장별로 건설기술인을 지정,배치하고 현장에 상주하여야 한다.

바. 수급인은 LH 부조리 관련 규정을 위반한 건설기술인의 공사 참여를 배제하여야 하며, 즉시 다른 건설기술인으로 교체하여야 한다.

## 2. 착공계 제출서류

### 2.1 구비서류

**1) 정상 착공시**

① 착공계
② 기술자 지정신고서/재직증명서/경력증명서/자격증사본
③ 사용인감계
④ 도급내역서(산출내역서를 요구하는 발주처도 있음)
⑤ 착공사진
⑥ 공사 예정공정표
⑦ 공동이행 계획서(공동이행방식일 때)
⑧ 하도급 시행 계획서(적격심사시 제출함)

**2) 착공 지연시**

① 지연착공신고서(지연착공사유 및 착공예정일포함)
② 착공지연 관련증빙 자료(지장물 현황 등)
  *.실 착공 시에 상기 "정상 착공 시" 제출서류 제출한다

**3) 부분 착공시**

① 부분착공신고서
   (부분착공사유 및 미착공부분 착공예정일포함)
② 부분착공 현황
③ 부분착공 관련 증빙서류 (지장물 현황 등)
④ 정상착공시 제출서류(착공신고서 제외)
  *.미 착공부분의 실 착공 시에 보완이 필요한 서류가 있을 경우
   제출한다.

### 2.2 제출시기

○ **도급계약체결 후 계약서상 착공일 전 제출(7일이내)**

## 3. 착공신고 후 준비서류

### 3.1 공사계획서류

○ **15일이내 제출서류**

① 착수보고회(발주처와 상의) ※ 제6장.파워포인트 실무 참조
② 현황측량 도면

○ **30일이내 제출서류**

① 설계검토 의견서 제출

○ **60일이내 제출서류**

① 상세 예정공정표(PERT/CPM)
② 공종별 인력/장비 투입계획서
③ 품질보증계획서 또는 품질시험계획서
   (PAGE 26 - 건설기술진흥법 시행규칙 별표5 참조)
④ 안전관리 계획서(건설기술진흥법 시행령 제98조)
⑤ 유해위험 방지 계획서
   (산업안전보건법 제48조에 의거 시행규칙 제120조 해당공사)
⑥ 환경관리 계획서
 * 법적인 수립기준은 없으며, 시방서 및 현장설명서에 명기
⑦ 지급자재 수급요청서
⑧ 공사용도로 개설 요청서(단지조성공사 계약시)

※ 상기내용은 제2장 공사진행 단계 공무,공사,품질,안전,환경업무에 자세히 설명 하였습니다.

## 4. 세움터 등록

### 4.1 건축부분

**1) 세움터 착공신고 등록( www.eais.go.kr )**

- 주관 : 설계사무실 등록진행
- 협업등록 : 시공사, 감리

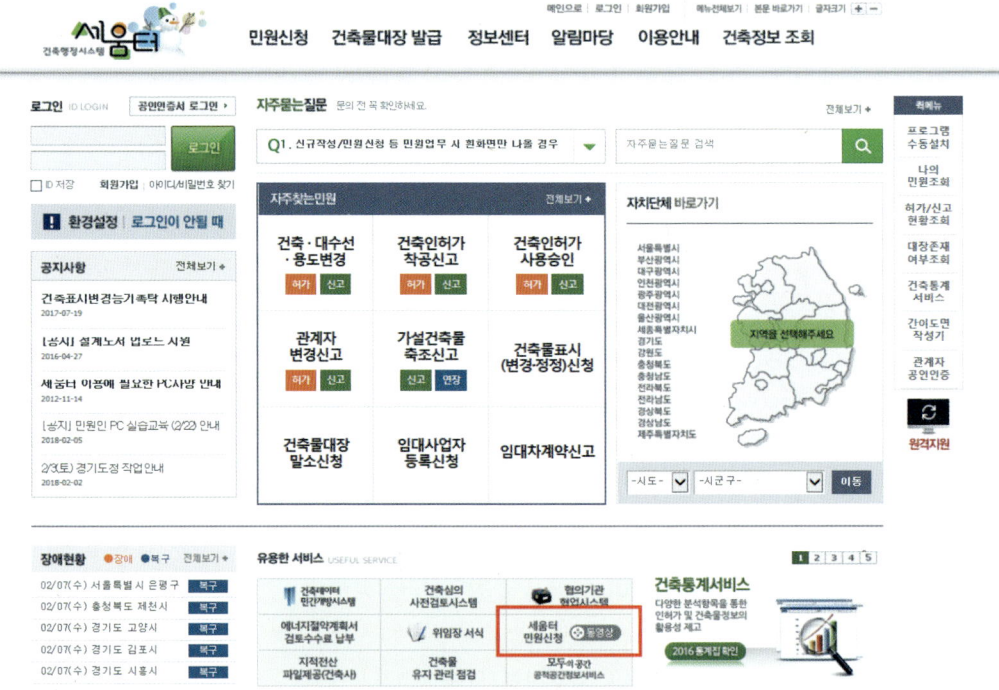

<그림1-7> 세움터사이트 캡쳐 (www.eais.go.kr)

※ 작성방법은 하단 ▢ 체크박스에 있는 세움터 민원신청 동영상을 시청하시면 됩니다.

**2) 시공사 등록절차**

① 설계사무실 협업등록(시공사 세움터 ID를 설계사무실에 통보)
② 설계사무실 착공신고 작성 및 협업자등록
③ 세움터 아이디 로그인
④ 시공사/ 현장대리인 정보 입력

⑤ 관련서류 등록(설계사무실 대행가능)
⑥ 착공계 신고

**2) 시공사 등록 구비서류**
- 계약보증서
- 건설업등록증
- 사업자등록증
- 법인등기부등본
- 사용인감계
- 인감증명서
- 시/국세완납증명원
- 건설업 면허수첩
- 현장대리인계(재직증명서,경력증명서,자격증포함)
- 품질관리자선임계(재직증명서,경력증명서,자격증포함)
- 품질시험계획서
- 비산먼지,특정공사 신고필증
- 공사현황판
- 도급계약서

> **TIP**
>
> 1. 건축물 철거 및 멸실이 필요한 경우 건축물/철거 및 멸실 신고도 같이 이루어 질 수 있도록 유념하시기 바랍니다.
>
> 2. 설계사무실에서 실시합니다. 시공사는 등록자료 넘겨주고 공인인증 싸인만 하면 됩니다.

## 4.2 토목/조경/전기/통신 부분

○ 기반시설공사는 발주처에서 인허가 및 착공신고를 득하고 발주하기 때문에 별도의 세움터 신고 절차는 없습니다.(착공신고서 공문접수로 갈음)

○ 발주처에 따라 내부 전산망에 아이디를 부여받고 별도 착공계를 제출하는 경우는 있으니 현장별 확인하시기 바랍니다.

## 02 현장개설

# 1. 현장사무실

## 1.1 현장사무실 부지 파악 및 형태 결정

**1) 부지파악 주안점**

    가. 우리 공사에 지장을 초래하지 않을 것
    나. 부지사용 승인이 가능할 것
    다. 신축후 준공시까지 사용가능 할 것
    라. 전기/통신/수도/오수/우편/경비업체 사용이 가능할 것
    마. 공사부지 접근성이 좋으면서 외부지인 접근이 어려울 것
    바. 주변 식당가(식당, 편의점등)를 이용하기 편할 것
    사. 취사가 가능할 것
    아. 공사비가 가장 저렴할 것

**2) 가설사무실 형태 결정**

    A. 컨테이너
    · 장점 : ① 가격저렴 ② 다양한 형태로 제작 ③ 제작 및 설치 기간이 빠르다 ④ 철거시 비용발생 적음
    · 단점 : ① 내열성과다 ② 내단열성 부족 ③ 화장실 별도 구매 필요

[기본형]      [연동형]      [특수형]

<그림1-9,10,11> 현대컨테이너 사이트 캡쳐(www.hdct.co.kr)

· 가구배치 평면도(예) :

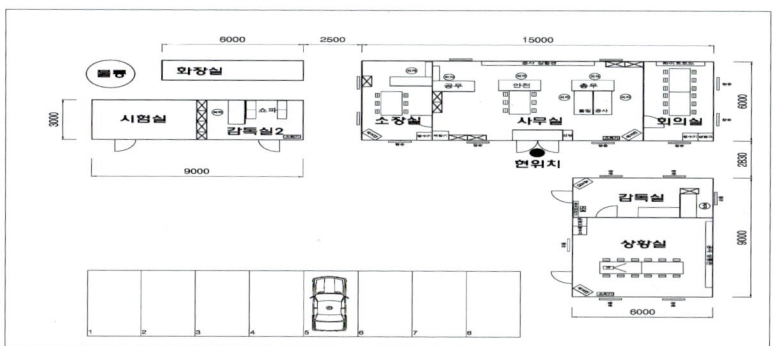

<그림1-8> 컨테이너 사무실 평면도(예시)

B. 프리훼브(PRE-FAB)판넬
  · 장점 : ① 다양한 형태의 공간구성 가능 ② 많은 인원이 필요할시 효율적 ③ 장기간공사
         시 유리
  · 단점 : ① 기반시설공사 포함 약 20일소요 ② 철거시 폐기물등 비용발생 ③ 도급대비
         비용과다
  · 가격 : 단층 3개건물(20x7, 18x7, 10x8, 울타리포함140m) 약8,000만원
  · 가구배치 평면도(예) :

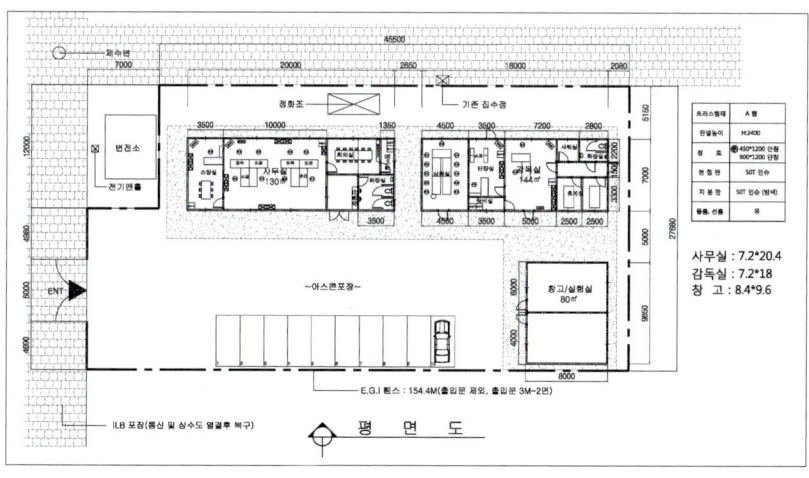

<그림1-12> 프리훼브 사무실 평면도(예시)

## C. 상가임대

- 장점 : ① 기반시설 비용이 들지 않아 가장 효율적 ② 철거비용 미발생 ③ 즉시사용
- 단점 : ① 도급금액 반영 불가 ② 현장차량주차 불편 ③ 공사현장과 거리가 멀어질 수 있음
- 가격 : 지역별로 차이, 보증금 1,000만원에 월세 150~200만원 → 24개월 사용시 3,600만원

## 1.2 현장사무실 설치를 위한 행정절차

1) 관공서 신고사항 및 체크사항

　가. 현장사무실 부지사용승낙 동의
　나. 가설사무실 축조 신고
　다. 도로점용허가 신청(필요시)
　라. 가설수도 인입 (3.1.5 가설수도신청절차 참조)
　마. 가설전기 인입 (3.1.4 가설전기신청절차 참조)
　바. 정화조 설치 신고(3.1.6 개인하수도 신청절차 참조)
　사. 내선연결
　아. 전화/인터넷등 통신연결

## 1.3 가설사무실(프리훼브) 설치 절차

### 1) 컨테이너

행정절차완료 (D일) → 터파기 및 부지정리 (D+1일) → 바닥콘크리트타설 (D+1일) → 컨테이너 설치 (D+3일)

*. 컨테이너 제작기간 별도

### 2) 프리훼브

행정절차완료 (D일) → 터파기 (D+2~3일) → 바닥기본배관 (D+2~3일) → 기초콘크리트타설 (D+2~3일) →

철골기둥설치 (D+5~6일) → 샌드위치판넬설치 (D+6~7일) → 지붕설치 (D+8일) → 와이어설치 (D+9일) →

창호설치 (D+8~9일) → 바닥미장/타일공사 (D+10일) → 위생기구설치 (D+12일) → 바닥장판설치 (D+13일) →

싱크대외 기구설치 (D+14일) → 전기/수도/통신/정화조 연결 (D+14~15일) → 외부식재/포장 (D+16~17일) → 입주청소 (D+18일) →

가구설치 (D+20일) → 입주 (D+21일)

## 1.4 전기(가설포함) 신청절차

**1) 신청방법**

① 전기대행업체 선정 ☞ 사용자

※ 전기면허를 소지한 업체가 선정되어야 전기사용신청이 가능합니다.

② 한전에 전기사용신청(D일) ☞ 사용자 또는 대행업체

③ 설치방법에 따른 표준시설부담금 납부(D일) ☞ 사용자

※ 시설분담금(대략금액산출)

  - 기본료 + (가공 1kw당 6만원 / 지중 1kw당 10만원)
  - 120m이내는 시설분담금 내에 가능, 120m이상은 시설분담금 추가 발생

④ 연결방법 강구(D+1~2) ☞ 대행업체/한전 협의

   (인접변압기에서 직접연결/ TR박스 설치/ 전주에 변압기 설치후 직접연결)

⑤ 한전단가계약업체에서 시설 설치(D+7) ☞ 한전

   (변압기 또는 TR박스)

⑤ 전기안전관리자 선임(75kw이상이면 선임, 전기안전공사 또는 민간업체)(D+8) ☞ 사용자

※ 예) 160kw 신청시 - 123,090원/매월(한국전기안전공사)

⑥ 계량기 신청(D+9) ☞ 대행업체

 (75kw미만은 임시수용신청(대행업체시공가능), 75kw이상은 정식수용신청(한전 또는 대행업체 시공가능))

⑦ 전기안전공사에 사용전 검사실시(D+9) ☞ 전기안전공사

⑧ 계량기 설치 및 봉인, 안전점검(D+10~15) ☞ 한전

※ 통상 전기사용 신청후 사용시까지는 10일~15일 소요됩니다.

⑨ 사용자 부지내 전기시설 공사 ☞ 대행업체

## 2) 전기용량 간략 산정방법 예시

▶ 예시 : 현장내 가설전기를 개설하려고 한다. 동시사용 예상 최대 전력은 다음과 같다.

> 유인타워 1대(90kw), 호이스트 1대(25kw), 용접기 2대(10Kw), 용접기 1대(30Kw),
> 사무실(컴퓨터(0.3kw) 3대, 냉장고(0.3kw) 1대, 에어컨(냉난방,4.0kw) 1대) 3개소

계산) 90kw + 25kw + (10kw x 2) + 30Kw + (5kw x 3개소)
　　　= (90+25+20+15)x1.2(여유요율)x0.7~0.8(수용율, 평시소비전력 가중치)
　　　= 126~144kw → 130kw신청

■ 간략 계산용 현장 통상소비전력

| 장 비 | 통상소비전력 | 장 비 | 통상소비전력 | 장 비 | 통상소비전력 |
|---|---|---|---|---|---|
| 유인타워 | 90kWh | 바이브레이터 | 3KW | 현장사무실 (3X6) | 5Kw |
| 무인타워 | 35kWh | 지하환기팬 | 18KW | 가설사무실 (협력업체) | 통상 10KW |
| 용접기 | 10kWh | 집수정 펌프 | 7.6KW | 에어컨 (냉방용) | 1.5KW |
| $CO_2$ 용접기 | 30KW | 급수 펌프 | 7.6KW | 에어컨 (냉난방) | 4.0KW |
| 호이스트 | 25kWh | 포터블 용접기 | 3KW | 가설식당 | 30KW |
| 리프트 | 15~25KW | 세륜기 | 15~20Kw | 동절기 습식공사유무 (전기온열기) | 개당 3kw |
| 가설전등 | 지상(50w x 1층에 10개 x 10개층 = 5,000w = 50kw), 지하(150W), 타워투광등(8개-400W) | | | | |
| 변압기용량 | 75/100/150/200/250/300/400/500/600/700/800/900 kVA | | | | |

## ▣ 규모별 통상 전기신청량

| 구 분 | 종 류 | 신 청 전 력(대략사용요금) | 비고 |
|---|---|---|---|
| 소규모(30억이하) | 일반용(갑)I | 건축공사 : 70kWh(60만원)<br>토목공사 : 30kWh(30만원) | |
| 중규모(30~300억) | 일반용(갑)I | 건축공사 : 160kWh(130만원)<br>토목공사 : 70kWh(60만원) | |
| 대규모(300억이상) | 일반용(갑)I | 1,500kWh(1,200만원) | |

※ 자세한 전기요금 확인 : WWW.cyber.kepco.co.kr/ckepco/front/jsp

**TIP**

1. 전기용량 고려대상 기준 우선순위
① 타워개수  ② 호이스트개수  ③ 용접기 용량 및 개수
④ 사무실 고정전력  ⑤ 가설전등  ⑥ 동절기습식공사유무
⑦ 세륜기

2. 신청용량에 따라 기본료가 차가이 있으므로 현장에 맞게 적절히 신청하는 것이 중요함

3. 전기요금은 75kw이상시 공사비 및 기본료가 배이상 차이가 있으므로 75kw미만으로 신청이 유리함

## 1.5 가설수도 신청절차

**1) 신청방법**

① 수도사업소 또는 면사무소 수도사용신청(신청서, 도면, 현장사진)
   ☞ 사용자
② 현장점검 및 실측 ☞ 수도사업소
③ 공사비 고지서 발급 ☞ 수도사업소
   (M당 대략3만원, 계량기 별도, 50mm이상은 전자계량기 필수(가격높음))
④ 고지서 납부 ☞ 사용자
⑤ 수도연결 및 계량기설치 공사진행 ☞ 수도사업소
⑥ 계량기에서 필요구간 공사 ☞ 사용자

> **TIP**
>
> 가설급수 규격이 50mm초과는 전자계량기 사용으로 금액이 배이상 차이가 있어 일반 가정용 15~25mm를 사용합니다.

## 2) 지하수개발

① 지하수법 시행령 정리[시행 2022. 1. 6.] [대통령령 제32326호, 2022. 1. 6., 일부개정]

| 용 도 | 구 분 | | | 허가,신고여부 |
|---|---|---|---|---|
| 가정용 | 동력장치가 없는 경우 | | | 면제 |
| | 동력장치가 있는 경우 | 1일 양수능력 30톤미만 (토출관직격 30mm) 이하 | | 면제 |
| | | 1일 양수능력 30톤미만 (토출관직격 40mm) 이하 | | 신고 |
| | | 1일 양수능력 30톤미만 (토출관직격 30mm) 초과 | | 허가 |
| 농업용 | 동력장치가 없는 경우 | | | 면제 |
| | 동력장치가 있는 경우 | 1일 양수능력 130톤미만 (토출관직격 50mm) 이하 | | 신고 |
| | | 1일 양수능력 130톤미만 (토출관직격 50mm) 초과 | | 허가 |
| 일반용 | 1일 양수능력 100톤미만 (토출관직격 40mm) 이하 | | | 신고 |
| | 1일 양수능력 100톤미만 (토출관직격 40mm) 초과 | | | 허가 |
| 군사용 | 1일 양수능력 100톤미만 (토출관직격 32mm) 이하 | | | 면제 |
| | 1일 양수능력 100톤미만 (토출관직격 32mm) 초과 | | | 신고 |
| 전시대비 비상급수용 | 양수능력 - 관계없음 | | | 신고 |
| 재해대비용 | 양수능력 - 관계없음 | | | 신고 |
| 지하수 보전 구역내 | 1일 양수능력 30톤 이상, 토출관직경 32mm 이상인 경우 [용도에 관계없음] | | | 허가 |

*.참고 : 지하수 개발하고자 하는 할때는 해당 시/군/도에 소속된 지하수 개발 업체를 선정

## 1.6 개인하수도 신청절차

### 1) 하수구분

| 구분 | 분류 | 배출성상 | 배출장소 |
|---|---|---|---|
| 하수 | 오수 | 분뇨 | 화장실(변기) |
| | | 생활하수(폐수) | 화장실(세면기외), 주방, 세탁실, 다용도실등 |
| | 우수 | 빗물 | |
| | | 지하침출수 | |

### 2) 하수관로

| 구분 | 배출물 | 설치장소 | 개인하수처리시설 설치 유무 |
|---|---|---|---|
| 합류식 | 오수, 우수 동시 배출 | 구시가지 | 설치필요 |
| 분류식 | 오수관로 우수관로 별도 배출 | 신도시 중심으로 확대 도입되고 있음 | 오수관로 연결시 불필요 |

## 3) 개인하수도 구분

① 분뇨 정화 = 단독정화조

② 분뇨 + 생활하수(폐수) 정화 = 오수처리시설(오수합병정화조)

③ 정화조 + 오수처리시설 = 개인하수처리시설

## 4) 설치방법 및 기간 대략비용(지역별 차이큼)

① 설치방법 : 지자체별 설치 허용 업체 리스트가 있으므로 지자체 환경과에 문의 후 정화조 설치업체 견적받아 선정하고(설치신고 및 준공필증 수령 조건) 계약후 진행

② 설치기간 : 환경부 규제 강화로 대부분 CON'C로 정화조 외부를 보호 하기 위해 구조물 설치등 고려 15일 내외 예상

③ 대략비용 : 가설사무실 기준 300만원 ~ 1000만원 내외 예상

## 5) 건축물의 용도별 오수발생량 및 정화조 처리대상인원 산정방법

- 관련법 : 「환경부고시」 제2021-59호, 2021. 3. 30
- 사용인원별 정화조 유효용량은 「하수도법 시행규칙」[별표 12]에 따라 아래 계산표를 참고하여 산정한다.

<별표12> 건축물의 용도별 오수발생량 및 정화조 처리대상인원 산정기준

| 분류번호 | 건축물 용도 | | | 오수발생량 | | | 정화조 처리대상인원 | |
|---|---|---|---|---|---|---|---|---|
| | | | | 1일 오수발생량 | BOD농도 (mg/L) | 비고 | 인원산정식 | 비고 |
| 1 | 주거시설 | 단독주택 | 단독주택, 농업인주택, 공관 | 200 L/인 | 200 | 농업인주택과 읍·면지역의 1일 오수발생량은 170 L/인을 적용한다. 농업인주택과 읍·면지역의 1일 오수발생량은 170 L/인을 적용한다. | $N = 2.0+(R-2) \times 0.5$ | N은 인원(인), R은 1호당 거실 개수(개)를 의미한다. |
| | | 공동주택 | 아파트, 연립주택, 다세대주택, 다가구주택 | 200 L/인 | 200 | | $N = 2.7+(R-2) \times 0.5$ | 1호가 1거실로 구성되어 있을 때는 2인으로 한다. |
| | | | 기숙사, 고시원(제2종근린생활시설), 다중주택 | 7.5 L/m² | 200 | 개별취사시설이 있을 경우 단독주택용도를 적용한다. | $N = 0.038A$<br>$N = P$<br>(정원이 명확한 경우) | A는 연면적(m²), P는 정원(인)을 의미한다. |

▶ 예시

예) 단독주택 안방1개, 작은방 2개, 거실 및 주방 1개일 경우
(거실개수는 4개)
$N = 2.0 + (R-2) \times 0.5 = 2.0 + (4-2) \times 0.5 = 3$
따라서 3인용 정화조를 설치해야 한다.

## 건축물의 용도별 오수발생량 및 정화조 처리대상인원 산정방법

[시행 2021. 3. 30.] [환경부고시 제2021-59호, 2021. 3. 30., 일부개정.]

### 1. 목 적

오수처리시설의 설치대상이 되는 건축물 또는 기타 시설물(이하 "건축물 등"이라 한다)의 용도별 오수발생량 및 오수농도 산정방법과 정화조의 설치대상이 되는 건축물 등의 용도별 처리대상인원 산정기준을 정함을 목적으로 한다.

### 2. 근 거

가. 「하수도법」제34조제3항 및 같은 법 시행령 제24조제5항
나. 「하수도법」제35조제2항

### 3. 적용범위

본 고시는 건축물 등에서 발생되는 오수발생량 및 오수농도를 산정하는 방법에 관한 사항으로 건축물 등에서 오수가 발생되는 경우에만 적용한다. (전체 건축물에서 오수가 발생되지 않을 경우 적용배제)

### 4. 산정방법

가. 오수처리시설 또는 정화조를 설치하고자 하는 자는 건축물 등에서 발생되는 오수량과 오수농도를 별표「건축물의 용도별 오수발생량 및 정화조 처리대상인원 산정기준」을 적용하여 산정함을 원칙으로 한다.
나. 가목의 규정에도 불구하고 건축물 등에서 발생되는 오수량 및 오수농도가 건축물의 사용 상황에 따라 별표의 산정기준을 적용하기에 적합하지 아니한 경우에는, 현장여건을 고려하여 사전에 충분히 조사·예측한 자료 등 객관적인 근거를 토대로 산정기준의 수치를 증감하여 적용할 수 있다.
다. 산정기준의 적용방법
    (1) 산정기준에 규정되어 있지 않은 건축물 등의 오수발생량 및 정화조 처리대상인원 산정에 있어서는 비슷한 용도의 기준을 적용한다.
    (2) 동일 건축물 등에 2개 이상의 건축물 용도가 사용되는 경우에는 다음 사항에 따른다.

(가) 오수발생량 및 정화조 처리대상인원은 각각 건축물 용도의 항을 가산하여 산정한다.
(나) 오수농도는 아래 식에 의하여 산정한다.

$$오수농도(C) = \frac{Q_1 C_1 + Q_2 C_2 + \cdots}{Q_1 + Q_2 + \cdots}$$

$Q_1$ : 용도1의 오수발생량, $C_1$ : 용도1의 오수농도,
$Q_2$ : 용도2의 오수발생량, $C_2$ : 용도2의 오수농도

(3) 2개 이상의 건축물 등이 공동으로 오수처리시설 및 정화조를 설치할 때에는 (2)를 따른다.
(4) 「건축법 시행령」제2조제12호의 규정에 따른 부속건축물이 오수를 발생시키지 않는 경우에는 이를 별도 용도로 산정하지 아니한다.
(5) 건축물의 주 용도가 창고·축사·고물상 등으로서 해당 주 용도의 시설에서 오수가 발생하지 아니한 경우에는 이를 별도로 산정하지 아니하고 오수가 발생하는 부속용도(화장실, 관리사무소, 샤워실 등)의 시설에 대해서만 산정한다.
(6) 별표에서 건축물 용도의 총 오수발생량과 정화조 처리대상 인원은 면적을 곱하여 각각 산정하며, 명확한 정원 산정 근거가 있는 건축물 용도의 경우 정원을 기준으로 산정할 수 있다. 다만, 기숙사, 고시원, 다중주택을 제외한 주거시설의 총 오수발생량은 1일 오수발생량에 정화조 처리대상인원을 곱하여 산정한다. 또한 부대급식시설의 경우 상주인원 및 이용인원을 1일 오수발생량에 곱하여 총 오수발생량에 가산한다.
(7) 사용인원별 정화조 유효용량은 「하수도법 시행규칙」[별표 12]에 따라 아래 계산표를 참고하여 산정한다.

| 인원별 | 유효용량(㎥) | 인원별 | 유효용량(㎥) |
| --- | --- | --- | --- |
| 5인용 | 1.5 | 60인용 | 7.0 |
| 10인용 | 2.0 | 80인용 | 9.0 |
| 15인용 | 2.5 | 100인용 | 11.0 |
| 20인용 | 3.0 | 200인용 | 21.0 |
| 30인용 | 4.0 | 300인용 | 31.0 |
| 40인용 | 5.0 | 400인용 | 41.0 |
| 50인용 | 6.0 | 500인용 | 51.0 |

**5. 행정사항**

　가. 시행일
　　ㅇ 이 고시는 발령한 날부터 시행한다.

　나. 재검토기한
　　ㅇ 환경부장관은 이 고시에 대하여「훈령·예규 등의 발령 및 관리에 관한 규정」에 따라 2020년 1월 1일 기준으로 매 3년이 되는 시점(매 3년째의 12월 31일 까지를 말한다)마다 그 타당성을 검토하여 개선 등의 조치를 하여야 한다.

　다. 오수발생량에 대한 경과조치
　　ㅇ 이 고시 시행 전에 종전 고시(제2019-215호)의 규정에 따라 산정되어 행정행위가 완료된 오수발생량은 계속 유효하다.

## 2. 현장비치 서류 목록

[계약관련서류]
- 101    공사도급계약서
- 102    실행내역서
- 103    도급기성청구서
- 104    견적결정승인신청서
- 105    현장설명서

[하도급관련서류]
- 201    하도급계약서
- 202    하도급통보서류
- 203    하도급기성청구서
- 204    업체 미불 현황
- 205    하도급정산내역서
- 206    건설폐기물관련

[공무관련서류]
- 301    대내공문접수
- 302    대내공문발송
- 303    대외공문접수
- 304    대외공문발송
- 305    지시부 및 결과서
- 306    물가연동(ES)
- 307    주간공정현황보고
- 308    질의답변서
- 309    민원관련철

[관공서관련]
- 401    건설공사관리대장
- 402    비산먼지/특정공사신고
- 403    가설건축물축조신고

[출납관련서류]
- 501    전도자금청구서
- 502    출납보고서
- 503    건설폐기물관리대장
- 504    근로계약서
- 505    건설기계 임대차 계약서

[작업관련]
- 601    작업일보(도급사)
- 602    작업일보(하도급)
- 603    공사참여자 실명부
- 604    회의록
- 605    시공계획서
- 606    검측요청서

[자재관련서류]
- 701    자재청구서
- 702    사급자재검수철
- 703    구매결의서
- 704    관급자재검사원
- 705    관급자재 송장철(레미콘)
- 706    관급자재 송장철(주요자재)
- 707    토사반입대장
- 708    자재승인요청서

[환경관련]
- 1001    환경관리비사용내역서

※ 밑줄이 있는 것은 양이 많으므로 PIPE FILE(7mm 2공)으로 철할 것

[품질관련]

[A.계획서]

|  |  |
|---|---|
| 8A01 | 품질계획서(시험계획서) |
| 8A02 | 균열관리계획서 |
| 8A03 | 재료분리관리계획서 |
| 8A04 | ITP검사 및 시험계획서 |
| 8A05 | 양생수조폐수처리계획서 |
| 8A06 | 기자재수급계획서 |
| 8A07 | 한중콘크리트관리계획서 |
| 8A08 | 서중콘크리트관리계획서 |
| 8A09 | 매스콘크리트관리계획서 |
| 8A10 | 매스콘크리트관리방안 |
| 8A11 | 공장점검계획서 |
| 8A12 | 품질교육,훈련계획서 |

[B.자재관리]

|  |  |
|---|---|
| 8B01 | 자재승인요청서승인현황 |
| 8B02 | 자재승인요청서 |

[C.자원관리]

|  |  |
|---|---|
| 8C01 | 품질관리자 선임계 |
| 8C02 | 시험기구 비치현황 |
| 8C03 | 시험기구 검교정현황 |
| 8C04 | 계측 및 시험 장비 점검 기록표 |

[D.시험관리]

|  |  |
|---|---|
| 8D01 | 외부공인기관 시험의뢰서 |
| 8D02 | 외부공인기관 성적서 |
| 8D03 | KS자재 인증서,성적서 |

[E.정기모니터링관리]

|  |  |
|---|---|
| 8E01 | 레미콘공장 시험배합보고서 |
| 8E02 | 레미콘 시공품질관리 점검표 |
| 8E03 | 지내력시험 결과 보고서 |
| 8E04 | 철골초음파,자분탐상 보고서 |
| 8E05 | T,S볼트 축력시험 보고서 |
| 8E06 | 철근 가스압접UT검사 보고서 |
| 8E07 | STUD BOLT 타격,구부림시험 |
| 8E08 | 내화단열뿜칠보고서 |
| 8E09 | 월간계측보고서 |
| 8E10 | 재료분리관리대장 |
| 8E11 | 균열관리대장 |

[F.검사대장]

|  |  |
|---|---|
| 8F01 | 품질시험,검사 총괄표 |
| 8F02 | 품질시험,검사 실적 보고서 |
| 8F03 | 품질시험 검사대장(레미콘) |
| 8F04 | 품질시험 검사대장(레미콘외) |
| 8F05 | 콘크리트시험,검사작업일지 |
| 8F06 | 한중콘크리트 온도관리대장 |
| 8F07 | 서중콘크리트 온도관리대장 |
| 8F08 | X-R관리도 |
| 8F09 | 경량기포콘크리트 작업일지 |
| 8F10 | 슈미트해머 검사일지 |

[G.기타]

|  |  |
|---|---|
| 8G01 | 양생수조 폐수처리 일지 |
| 8G02 | 보관자재 점검표 |

※ 밑줄이 있는 것은 양이 많으므로 PIPE FILE(7mm 2공)으로 철할 것

[안전관련]

### [A.계획수립]

|  |  |
|---|---|
| 9A01 | 안전보건에 관한 계획수립(본사) |
| 9A02 | 안전보건 관리규정(본사) |
| 9A03 | 안전보건에 관한 계획수립(현장) |
| 9A04 | 안전보건 관리규정(현장) |
| 9A05 | 유해위험방지계획서 |
| 9A06 | 공사/설계/감리 안전보건대장 |
| 9A07 | 안전보건관리 사용계획서 |
| 9A08 | 현장안전보건관리조직도 |
| 9A09 | 안전보건경영시시템업무분장표 |
| 9A10 | 안전관계자등 선입관련서류 |
| 9A11 | 관리감독자 지정서 |
| 9A12 | 고용,산재가입증명원 |
| 9A13 | 비상사태 계획서 |
| 9A14 | 비상사태 모의 훈련 실시결과 |

### [B.위험성평가]

|  |  |
|---|---|
| 9B01 | 최초위험성평가표 |
| 9B02 | 정기위험성평가표 |
| 9B03 | 공종별위험성평가표 |
| 9B04 | 수시위험성평가표 |
| 9B05 | 월간 일일 안전책임자 명령서 |

### [C.일지]

|  |  |
|---|---|
| 9C01 | 안전일지 |
| 9C02 | TBM일지 |
| 9C03 | 신규채용자 안전보건교육일지 |

### [D.작업계획서]

|  |  |
|---|---|
| 9D01 | 차량계건설기계 작업계획서 |
| 9D02 | 차량계하역운반기계 작업계획서 |
| 9D03 | 중량물 취급 작업계획서 |
| 9D04 | 위험공종 안전작업허가서(PTW) |
| 9D05 | 단기 작업공종 허가서 |
| 9D06 | 휴일 위험공종 안전작업허가서 (PTW) |
| 9D07 | 작업계획서(기타) |
| 9D08 | 각종 등록, 검사표 |

### [E.점검]

|  |  |
|---|---|
| 9E01 | 건설기계 점검 체크리스트 |
| 9E02 | 유해위험기계기구 점검 체크리스트 |
| 9E03 | 화재예방체크리스트 |
| 9E04 | 밀폐공간 측정 결과 |
| 9E05 | 작업환경측정 |

### [F.조치]

|  |  |
|---|---|
| 9F01 | 시정조치요구서 |
| 9F02 | 조치결과 보고서 |
| 9F03 | 부적격 근로자 사유서 및 관리대장 |

### [G.보고서]

|  |  |
|---|---|
| 9G01 | 안전관리비 사용내역서 |
| 9G02 | 사고보고서 |
| 9G03 | 안전보건컨설팅(기술지도) 보고서 |

### [H.기타서류]

|  |  |
|---|---|
| 9H01 | 타워크레인관련서류 |

| | | | |
|---|---|---|---|
| 9C04 | 정기 안전보건교육일지 | 9H02 | 호이스트관련서류 |
| 9C05 | 특별 안전보건교육일지 | 9H03 | 일반/특수/배치/수시 건강검진 |
| 9C06 | 관리감독자 안전보건교육일지 | 9H04 | 물질안전보건자료(MSDS) |
| 9C07 | 합동안전점검일지 | 9H05 | 보호구지급대장 |
| 9C08 | 안전점검의날 행사일지 | | |
| 9C09 | 노사협의체 회의록 | | |

※ 밑줄이 있는 것은 양이 많으므로 PIPE FILE(7mm 2공)으로 철할 것

## 3. 공사시행 단계별 업무안내(국토교통부 감리업무수행지침서)

| 【부록Ⅰ】공사시행 단계별 업무안내 ||||||
|---|---|---|---|---|---|
| 단계 | 업무종류 | 세부사항 | 업무담당 |||
| | | | 발주청 | 감리원 | 시공자 |
| | | | 지원업무수행자 | | |
| 공사 착공 | ·감리계약 체결 | ·P.Q기준<br>·감리업무수행계획서, 감리원 배치계획서 | 작성<br>검토 | | |
| | ·용지측량, 기공승락, 지장물 이설 확인 용지보상 등의 지원업무를 수행<br><br>·감리업무 착수<br><br>·업무연락처 등의 보고 | | | 주관<br><br><br>시행<br><br>시행 | |
| | ·설계도서 등의 검토 | ·발주청에 보고<br><br>·감리원에게 보고 | | 검토,보고 | 검토,<br>보고 |
| | ·감리사무실 설치 및 설계도서 등의 관리<br>·감리사무실 설치 및 설계도서 등의 관리 | ·사무실의 설치 | 시행 | | 시행 |
| | | ·설계도서 등의 관리 | | 시행 | |
| | ·착공신고서 | | | 검토,보고 | 작성 |
| | ·공사표지판 등의 설치 | | | 승인 | 시행 |
| | ·측량기준점 및 각종 규준 시설<br>·측량기준점 및 각종 규준 시설 | ·측량기준점의 보호 | | 이동시<br>승인 | 시행 |
| | | ·규준시설 설치 | | 확인 | 시행 |
| | ·확인측량<br>·확인측량 | ·확인측량 실시 | | 입회,<br>확인 | 시행 |
| | | ·확인측량 결과의 처리 | 지시 | 검토,보고 | 작성 |

| 단계 | 업무종류 | 세부사항 | 업무담당 | | | |
|---|---|---|---|---|---|---|
| | | | 발주청 | | 감리원 | 시공자 |
| | | | | 지원업무수행자 | | |
| 공사 착공 | ·유관자 합동 회의 | | 요구 | | 주관 | 내용 설명 |
| | ·하도급 관련 사항 | | | | 검토 | 요구 |
| | ·현장사무소, 공사용도로 작업장부지 등의 선정 | ·가시설물 설치계획표 | | 협의 | 승인 | 작성 |
| | ·현지여건 조사 | | 승인 | | 합동조사 | 합동조사 |
| | ·인·허가 업무 | | 주관 | | 요구 | 요구 |
| | ·공사착수 회의 | | 주관 | | 주관 | 주관 |
| | ·품질보증계획 (품질시험계획) | | 승인 | | 검토 | 주관 |
| 공사시공 (1) | ·일반행정업무 | ·감리원에 대한 지도관리 | | 주관 | | |
| | | ·감리기록관리 | 승인 | | | |
| | | ·발주청에 정기 및 수시 보고사항 | 접수 | | 확인 보고 | 작성 |
| | | ·현장 정기교육 | | | | |
| | | ·발주청의 자문요구 및 감리원의 의견제시 | 요구 | | 지시 작성 | 주관 |

| 공사시공(2) | ·일반행정업무 | ·민원사항 | 요구 | 조치 | 검토, 보고 | 조치 |
|---|---|---|---|---|---|---|
| | | ·발주청의 지시사항 전달 및 공사수행상 문제점 파악보고 | 요구 | 조치 | 검토, 보고 | 조치 |
| | | ·필요시 기성검사 입회 | 요구 | 조치 | 검토, 보고 | 조치 |
| | | ·현장대리인, 시공자 기술자 등의 교체 | 필요시 입회 지시 | 입회 조사 | 작성 검토, 보고 | 시행 |
| | | ·추가용지보상 업무 | 요구 | | | |
| | | ·제3자 손해의 보상 | 요구 | | | |
| | | ·시공자에 대한 지시 | 주관 | | 검토 | 주관 |
| | | ·수명사항의 처리 | | | 주관 | 결과보고 |
| | | ·공사 진행과정 사진 촬영 및 설명서 작성 | 지시 | | 보고 보관 | 이행 주관 |

| 단계 | 업무종류 | 세부사항 | 업무담당 | | | |
|---|---|---|---|---|---|---|
| | | | 발 주 청 | | 감리원 | 시공자 |
| | | | | 지원업무수행자 | | |
| 공사 시공 (2) | ·품질관리 | ·품질관리계획 | 주관 | | 이행확인 | 작성 |
| | | ·품질시험계획 | 이행 확인 | | 이행확인 | 작성 |
| | | ·품질시험의 요령 및 조치 | | | 입회확인 | 시행 |
| | | ·시험·검사성과 처리 | | | 검토,확인 지시 | 보고 |
| | | ·외부기관에 품질시험의뢰 | 승인 주관 | | 입회확인 | 주관 |
| | ·시공관리 | ·시공계획서 | 요구 | | 검토,확인 | 작성 |
| | | ·시공상세도 | 요구 승인 | | 검토,확인 | 작성 |
| | | ·명일 작업실적 및 명일 작업계획서 | | | 검토,확인 | 시행 |
| | | ·시공확인 | | | 확인,승인 | 요청 |
| | | ·검측업무 | | | 확인,지시 | 작성, 협의 |
| | | ·매몰부분 검사 기록 | | | 작성,확인 | 작성 |
| | | ·현장 실정보고 | 요구 승인 | | 검토,보고 | 작성 |

| 단계 | 업무종류 | 세부사항 | 업무담당 | | | |
|---|---|---|---|---|---|---|
| | | | 발주청 | | 감리원 | 시공자 |
| | | | | 지원업무수행자 | | |
| 공사 시공 (3) | ·시공관리 | ·암반선 | | | 확인 | 요구 |
| | | ·특수공법 | 협의 | | 검토 | |
| | | ·기술검토 의견서 | | | 작성 | 요구 |
| | | ·주요기자재 공급원의 검토 승인 신청서 | | | 승인 | 작성 |
| | | ·주요기자재의 검수,관리 | | | 확인 | 주관 |
| | | ·지급자재의 검수,관리 | | | 확인,보고 | 요구 |
| | | ·지장물 및 기존 구조물의 철거 | 승인 | | 검토, 확인 | 작성 |
| | | ·발주청에 현장 상황보고 | | | | |
| | | ·감리원의 공사중지명령 등 | 검토지시 | | 보고지시, 요구 | 시행 |
| | ·설계변경 및 계약금액 의 조정 | ·경미한 설계변경 | | | 검토지시, 보고 | 작성 |
| | | ·발주청의 지시에 의한 설계변경 | 지시 | | 검토,보고 | 검토작성 |
| | | ·시공자의 제안에 의한 설계변경 | | | 검토,보고 | 보고 |
| | | ·변경계약전 설계변경에 따라 기성고 및 지급자재의 지급 | 통보 | | 검토,보고 지시확인 | 작성 |
| | | ·계약금액의 조정 | 승인 | 검토 | 심사,보고 | 요구 작성 |

| 단계 | 업무종류 | 세부사항 | 업무담당 | | | |
|---|---|---|---|---|---|---|
| | | | 발주청 | 지원업무수행자 | 감리원 | 시공자 |
| 공사<br>시공<br>(3) | ·공정관리 | ·공정관리계획서<br>(실시공정표 포함) | | | 승인,<br>보고 | 작성 |
| | | ·공사진도관리<br>(월간·주간 상세공정표) | | | 검토,<br>확인<br>지시 | 작성 |
| | | ·부진공정 만회대책 | | | 지시,<br>검토<br>보고 | 작성 |
| | | ·수정 공정계획 | | | 검토, 승인<br>보고 | 요구<br>작성 |
| | | ·준공기한 연기원 | 승인 | | 검토 | |
| | | ·공정현황 보고 | | | 검토, 확인<br>보고 | 작성<br>보고 |
| 공사<br>시공<br>(4) | ·안전관리 | ·안전관리 | 주관 | | 확인<br>지도 | 시행 |
| | | ·안전점검 | | | 지도<br>감독 | 시행 |
| | | ·안전교육 | | | 지시<br>감독 | 시행 |
| | | ·안전관리 결과 보고서 | | | 검토<br>지시 | 작성 |
| | | ·사고처리 | | | 지시<br>보고 | 조치 |
| | ·환경관리 | ·환경관리 | | | 지도<br>감독 | 시행<br>보고 |
| | | ·제보고 사항 | | | 지도<br>감독<br>보고 | 작성 |

| 단계 | 업무종류 | 세부사항 | 업무담당 | | | |
|---|---|---|---|---|---|---|
| | | | 발주청 | | 감리원 | 시공자 |
| | | | | 지원업무수행자 | | |
| 기성부분 및 준공검사 | ·검사지침 | ·검사자의 임명 | | | 보고 | |
| | | ·검사 | 입회 확인 | 입회 | 검사 보고 | 조서 작성 |
| | | ·불합격 공사에 대한 재시공명령 | | | 지시 재검사 | 시행 |
| | | ·기성부분검사원 및 기성내역서 검토 | | | 검토 | 작성 |
| | | ·감리조서의 작성 | | | 작성 | |
| | | ·기성부분 검사 | | | 검사 보고 | 입회 |
| | | ·시설물 시운전 | | | 검사 보고 | 입회 |
| | | ·예비 준공검사 | | 입회 | 검사 지시 보고 | 작성 보완 |
| | | ·준공검사원 | | | | 작성 |
| | | ·준공도면 등의 검토 | | | 검토 확인 보고 | 작성 |
| | | ·공사현장의 사후관리 | | | 검토 확인 보고 | 시행 |
| | | ·준공표지의 설치 | | | 확인 | 시행 |

| 인수 인계 | ·시설물 인수·인계 | ·시설물 인수·인계 계획수립 | | | 검토, 통보 | 작성 |
|---|---|---|---|---|---|---|
| | | ·시설물 인수·인계 | 시행 | | 입회, 검토 | 시행 |
| | ·준공 후 현장문서 인수·인계 | ·준공도서 등의 인수 | 협의, 인수 | | 협의, 작성 | |
| | | ·시설물의 유지관리 지침서 등 | | | 검토 보고 | 자료 제출 |
| | ·유지관리 및 하자 보수 | ·하자보수에 대한 의견제시 | 조사 지시 | | 의견 제시 | |

> 여기서 잠깐

## ▶ 건축공사(지하터파기를 하지않는 1층 단층 화장실) 진행순서

<그림9-1> 부지정리

<그림9-2> 다짐도 시험

<그림9-3> 규준틀 설치

<그림9-4> 터파기

<그림9-5> 오수 슬리브배관

<그림9-6> 버림타설 및 바닥 단열재 설치

<그림9-7> 철근가공 및 조립

<그림9-8> 단열재 및 거푸집설치

<그림9-9> 내부배관
(설비,전기,통신,소방)

<그림9-10> 거푸집 결속 및 고정

<그림9-11> 레미콘타설

<그림9-12> 거푸집 제거

<그림9-13> 청소

<그림9-14> 되메우기

<그림9-15> 벽거푸집설치①

<그림9-16> 외벽거푸집설치②

## 공사진행 참고사진

**여기서 잠깐**

<그림9-17> 외벽 거푸집 고정

<그림9-18> 내부 문틀,창틀 거푸집설치

<그림9-19> 내부 단열재 설치

<그림9-20> 내부 철근가공조립

<그림9-21> 내부 통신,전기,수도배관

<그림9-22> 내부 안쪽 거푸집 설치

<그림9-23> 천정 거푸집설치 및 동바리설치

<그림9-24> 천정 단열재 설치

<그림9-25> 천정 철근가공 및 조립    <그림9-26> 천정 전기배관

<그림9-27> 거푸집 결속, 보강    <그림9-28> 레미콘타설

<그림9-29> 폭우대비 타설부위 보완    <그림9-30> 옥상 난간 거푸집 설치

<그림9-31> 난간 콘크리트 타설    <그림9-32> 외벽거푸집 제거

**여기서 잠깐** | 공사진행 참고사진

<그림9-33> 내부거푸집 제거

<그림9-34> 주변정리

<그림9-35> 내부 동바리 제거

<그림9-36> 전기입선

<그림9-37> 설비배관

<그림9-38> 외부마감_하지틀작업①

<그림9-39> 외부마감_하지틀작업②

<그림9-40> 내부 조적작업

<그림9-41> 외부 오수연결

<그림9-42> 외부 상수연결

<그림9-43> 외부 전기관연결

<그림9-44> 내부 문틀설치

<그림9-45> 외부 문틀설치

<그림9-46> 외벽작업용 비계설치

<그림9-47> 내부 방수①

<그림9-48> 내부 방수②

여기서 잠깐

공사진행 참고사진

<그림9-49> 내부 미장작업

<그림9-50> 내부 타일붙임①

<그림9-51> 내부 타일붙임②

<그림9-52> 바닥 몰탈타설

<그림9-52> 옥상 구배몰탈타설

<그림9-53> 내부 배수 트렌치 설치

<그림9-54> 바닥 타일붙임①

<그림9-55> 바닥 타일붙임②

<그림9-56> 창호설치

<그림9-57> 창틀 주변 충전

<그림9-58> 내부 석공사 창틀설치

<그림9-59> 내부 석공사 문틀설치

<그림9-60> 외벽 하지틀마감, 외부마감중

<그림9-61> 천정 배관배선

<그림9-62> 천정 마감공사

<그림9-63> 바닥 출입문 석공사 마감

> **여기서 잠깐** 공사진행 참고사진

<그림9-64> 옥상방수공사

<그림9-65> 내부 위생도기설치

<그림9-66> 옥상방수 완료

<그림9-67> 세면대 설치

<그림9-68> 큐비클 설치

<그림9-69> 외부 케노피 설치

<그림9-70> 내부 도장공사

<그림9-71> 온돌판넬설치

<그림9-72> 외부 코킹설치 후 마감①

<그림9-73> 외부 코킹설치 후 마감②

<그림9-74> 외부 코킹설치 후 마감③

<그림9-75> 유리설치

<그림9-76> 내부등기구 설치

<그림9-77> 외부 조경공사

<그림9-78> 주변정리 및 청소

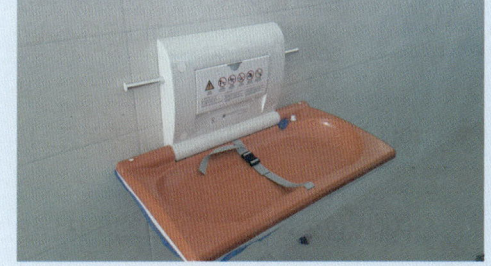
<그림9-79> 시설물 설치

**여기서 잠깐**

<그림9-80> 도배공사

<그림9-81> 장판설치

<그림9-82> 표지판 부착

<그림9-83> 내부 거울 설치

<그림9-84> 공사완료①

<그림9-85> 공사완료②

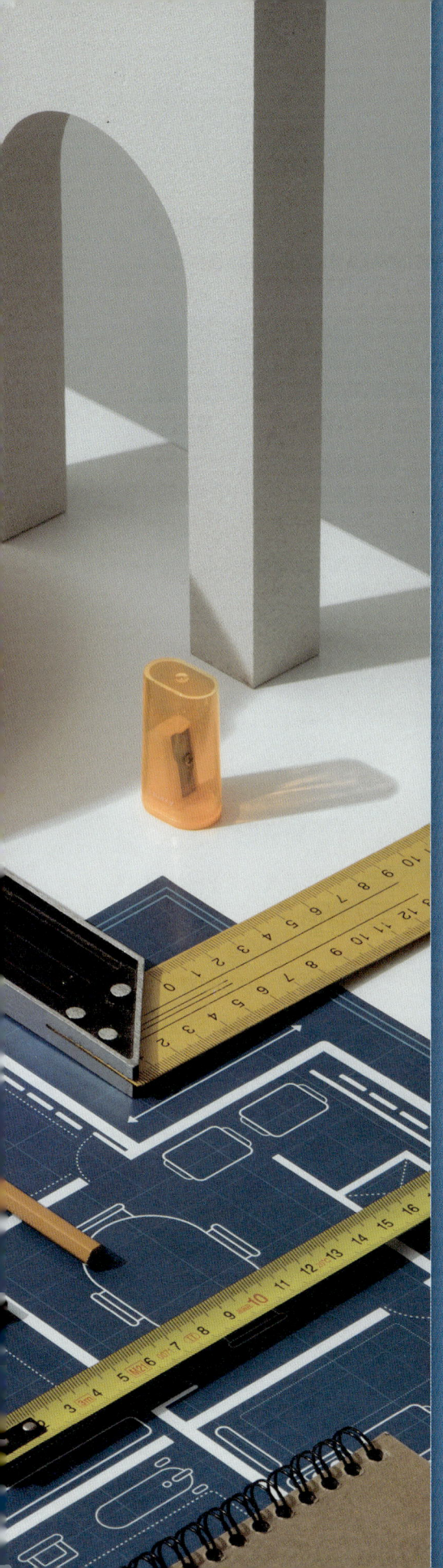

# 03

## 공사진행 단계

1. 공사업무
2. 공무업무
3. 품질업무
4. 안전업무
5. 환경업무
6. 자금관리업무
7. 협력업체

# 01 공사업무

## 1. 업무투입시 작성서류

### 1) 도면검토

가. 도면수량과 내역수량 일치 또는 누락 여부 확인

나. 도면내 누락부위 확인

다. 실공사 가능여부 확인

라. 실행절감방안 파악

마. 시방서 오류

### 2) 현장현황 검토

가. 부지확인(현황측량, 시험터파기(토질파악)등)

나. 기상여건 파악(해당부지의 특이성)

다. 민원파악(주변민원 발생우려지역 확인)

라. 주변 현장 공사상태 파악(지역의 특색을 알 수 있음)

### 3) 상세 예정공정표 작성(60일이내 제출)

○ 공정명, 공사금액, 보할, 공정보할, 누계그레프, 인원/장비계획 명기

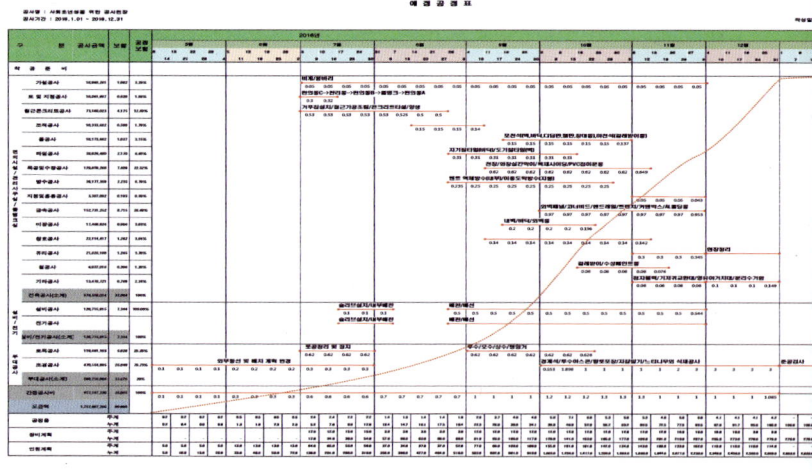

&lt;그림2-1&gt; 예정공정표(예시)

## 4) 인원, 장비 투입계획서 작성 (60일이내)

○ 특별한 양식은 없으며, 공사진행에 따른 인원 및 장비를 추정하여 작성

## 5) 검측계획서 작성

○ 공사수행에 따른 검측내용, 검측일시, 검측방법, 검측체크리스트 작성

○ 발주처에 따라 요구시 제출, 미요구시 작성 후 보관, 협력업체 선정 후 배포

## 6) 지급(관급)자재 수급요청서

○ 지급(관급)자재 수급 계획을 작성하여 업체명, 제작시기, 현장반입시기, 반입물량등을 명기하여 제출한다.

| 구분 | 명 칭 | 규 격 | 단위 | 식별번호 | 모델명 | 업체명 | 소재지 | 연락처 | 납품일자 | | 관급금액 | 업체별 계약수량 | | | | 비 고 |
|---|---|---|---|---|---|---|---|---|---|---|---|---|---|---|---|---|
| | | | | | | | | | 계약일자 | 현장 납품일 | 단가(원) | 계약수량(A) (17.12월기준) | | 준공추정(B) (18.05월기준) | | |
| | | | | | | | | | | | | 수량 | 금액 | 수량 | 금액 | |
| | 파형강관(내면피복) | Φ250×1.6mm, 1RS | M | 21229641 | PL301-ORS-250 | ㈜청화금속 | 경기도 안성 | 031-674-4101 | ~17.12.31 | 17.12.20 | 25,400 | 434 | 11,023,600 | 381 | 9,677,400 | |
| | 파형강관(내면피복) | Φ300×1.6mm, 1RS | M | 21229642 | PL301-1RS-300 | ㈜청화금속 | 경기도 안성 | 031-674-4101 | ~17.12.31 | 17.12.20 | 35,700 | 955 | 34,093,500 | 1,040 | 37,128,000 | |
| | 파형강관(내면피복) | Φ450×1.6mm, 1RS | M | 21229645 | PL301-1RS-450 | ㈜청화금속 | 경기도 안성 | 031-674-4101 | ~17.12.31 | 17.12.20 | 50,500 | 483 | 24,391,500 | 483 | 24,391,500 | |
| | 파형강관(내면피복) | Φ600×1.6mm, 1RS | M | 21229647 | PL301-1RS-600 | ㈜청화금속 | 경기도 안성 | 031-674-4101 | ~17.12.31 | 17.12.20 | 65,600 | 150 | 9,840,000 | 150 | 9,840,000 | |
| | 파형강관접속티(내면피복) | Φ450×250mm | EA | 21229888 | CH-T-450 | ㈜청화금속 | 경기도 안성 | 031-674-4101 | ~17.12.31 | 17.12.20 | 99,300 | 56 | 5,560,800 | 39 | 3,872,700 | |
| | 소 계 | | | | | | | | | | | | 84,909,400 | | 84,909,600 | |
| | 조달수수료 | 0.54% | | | | | | | | | | | 458,511 | | 458,512 | |
| | 합 계 | | | | | | | | | | | | 85,367,911 | | 85,368,112 | |
| | | | | | | | | | | | | | | | | |
| | 내충격수도관 | Φ25mmX4m, 직관 | 본 | 21178916 | SW-HI-HP-25 | 신우산업㈜ | 경기도 김포시 | 032-564-3355 | ~17.12.31 | 17.12.20 | 6,040 | 119 | 718,760 | 65 | 392,600 | |
| | 내충격수도관 | Φ50mmX6m, 직관 | 본 | 21178919 | SW-HI-HP-50 | 신우산업㈜ | 경기도 김포시 | 032-564-3355 | ~17.12.31 | 17.12.20 | 20,000 | | - | 29 | 580,000 | |
| | 내충격수도관 | Φ75mmX6m, 직관 | 본 | 21178921 | SW-HI-HP-75 | 신우산업㈜ | 경기도 김포시 | 032-564-3355 | ~17.12.31 | 17.12.20 | 39,700 | 22 | 873,400 | 20 | 794,000 | |
| | 소 계 | | | | | | | | | | | | 1,592,160 | | 1,766,600 | |
| | 조달수수료 | 0.54% | | | | | | | | | | | 8,598 | | 9,540 | |
| | 합 계 | | | | | | | | | | | | 1,600,758 | | 1,776,140 | |

<그림2-2> 지급자재 수급요청서(예시)

## 7) 기타사항

**가. 가설사무실 부지사용승낙서**

**나. 공사용도로 개설 요청서**

**다. 도로점용허가**

## 2. 하도급업체 선정시

### 1) 자재공급원 승인서 접수 및 제출
가. 주요자재(시방서 명기)는 자재공급원 승인서를 작성하여 발주자의 승인을 득한 후 사용한다.
나. 2부를 작성하여 원도급 1부, 발주처 1부 제출하고, 승인시 통보서를 하도급에 전달한다.

### 2) 시공계획서 작성 및 제출
가. 주요공정에 대해 시공계획서를 작성하여 제출한다.
나. 공사개요, 현장운영계획, 공정관리계획, 시공관리계획, 안전관리대책, 환경관리계획, 품질관리계획, 장비사용계획, 인원동원계획등이 명기되어야 한다.

## 3. 매일 업무

### 1) 작업일보 작성

**가. 목적**

- 모든공정관리의 기초 BASE 기본자료로써 그날의 작업환경(기온)을 파악하여, 공사의 품질유지를 위한 선택, 안전위험도 파악, 공정의 진행여부를 확인하여 공정의 느림과 빠름을 판단하여 인력을 더 투입할지, 장비를 더 투입할지, 덜 투입할지 파악, 자재의 소모량을 파악하여 자재 로스나 공정진행에 부족함이 없는지등 모든 현장운영의 핵심에 근거 역할을 합니다.

**나. 내용**

- 날짜, 날씨, 기온, 공정율, 주요작업내용(금일, 명일), 공사추진현황, 인력투입현황, 장비투입현황, 주요자재 투입현황등

**다. 제출**

- 통상 08시~09시까지 작성하고 09시 감독관에게 인편, 팩스, 이메일로 제출합니다.

### 2) 출력인원 확인

① 공사실명제에 의해 매공정 출력일보를 작성하여 보관한다.
② 출력일보는 향후 퇴직공제부금 납부 및 인건비 미지급에 따른 사고 발생시 근거 서류가 되므로 출력인원에 대한 현장확인을 꼭 병행해서 진행한다.

### 3) 현장확인 및 점검

① 금일 일보상 인원/장부 투입여부 확인
② 예정에 의한 공정진행 여부
③ 설계도서 및 시방서에 의한 작업 여부
④ 여러공정이 겹칠 경우 우선순위 정리
⑤ 작업자의 금일 건강상태 확인
⑥ 현장작업 상의 위험요인 확인
⑦ 현장 작업사진 촬영

## 4) 검측요청서 작성 및 검측

### 가. 목적
○ 작업자의 숙련도에 따라 시공상태가 상이하며, 작업자의 도면 숙지 부족으로 설계도서와 다르게 시공되는 것을 방지 하기 위함

### 나. 내용
○ 검측순서 : 시공자 확인 → 감리단 또는 감독 검측 → 다음공정진행
○ 검측방법 : 육안검사, 레벨검사, 각종 검측장비 검사, 품질시험 대행업체 검사등
○ 검측확인 검사범위 및 검사항목
○ 검측체크리스트는 시방서를 참조하여 작성
 *. 국가건설기준센터 (http://www.kcsc.re.kr/)

### 다. 제출
○ 각 공정별 검측계획서에 따른 시점 상의

## 5) 사진촬영
○ 공사진행 사진(장소별, 부위별, 공정별, 일자별)
○ 매물부분 사진촬영(기성청구시 필요)

> **TIP**
>
> 사진촬영은 일자별, 장소별, 부위별 구분하여 관리하면 향후 검측시, 회의시, 점검시, 소송시등 아주 유용하게 활용되니, 매일 현장사항을 꼭 찍어 두시기 바랍니다.

## 6) 자재관리대장 관리 (관급사급)

## 7) 작업계획서 제출 (필요시)

<그림2-4> 작업일보(예시)

## 4. 주간 업무

### 1) 주간업무회의

**가. 목적**

○ 각 현장 및 회사는 주간공정에 주요진행사항을 체크하고, 서로 간섭되는 공정의 작업내용을 조율하며, 차주 필요장비, 인원, 자재등을 미리파악고 준비하기 위해서 공정회의를 개최합니다.

**나. 내용**

○ 주간공정율, 주간주요공정사항(금주, 차주), 인력투입현황, 장비투입현황, 주요자재투입현황

※ 주간공정회의 자료는 감독별, 회사별, 현장별 양식이 존재하니 기존자료를 활용하시면 됩니다.

**다. 제출**

○ 관공서 및 일반회사는 통상적으로 월요일 오전에 개최합니다.
○ 이에, 작성은 금요일까지 마감이 많이 있습니다.
○ 각 회사별, 현장별 틀리므로 확인하시기 바랍니다.

### 2) 시공계획서 작성(신규작업시)

○ 하도급업체 선정시 제출분으로 갈음할 수 있다.
○ 하도급업체 선정시 시공계획서 누락시 신규공종에 대해 작성 보관, 제출한다.

### 3) 시공상세도 제출 및 승인(필요시)

**가. 목적**

○ 공사의 품질확보 및 설계도면 보완, 공사내용 숙지 등을 위해 작성함

**나. 내용**

○ 공사여건과 설계서와의 적합성여부를 확인하고 공사수행상의 오류 및 부분공사의 누락을 방지하기 위기해 시공상세도를 작성 제출하여, 검토·승인 후 공사 착수

**다. 제출**

○ 해당공정 착수 7일전
○ 공문, 보고서, 시공상세 도면(당초,변경)
○ 제출시기(예시,조경부분)

| 공 종 | 목 록 | 작성 및 검토 기준 일반사항 |
|---|---|---|
| 식재공사 | 인공식재기반<br>식재상세도<br>잔디식재지 배수 계획<br>관수계획도 | • 토심확보, 경량토, 배수 및 급수<br>• 단지입구, 동입구 주변 주요 식재지<br>• 노출구조물 및 주변 처리<br>• 이식수목 |
| 시설물공사 | 포장계획도<br>배수계획도<br>안내판류 설치 계획도 | • 포장 문양, 타공종과 연결부분<br>• 맹암거 연결 및 구배, 토목섬유<br>• 안내문구 및 색상, 설치위치 |
| 놀이터공사 | 시설물 배치계획도<br>배수계획도<br>부지조성계획도<br>포장계획도 | • 안전거리 고려한 시설물별 배치<br>• 맹암거 연결 및 구배, 토목섬유<br>• 부지여건 변동에 따른 시설물 위치<br>• 포장문양, 타공종과 연결부분 |
| 도시기반공사 | 급, 배수연결도<br>식재상세도<br>배수계획도<br>포장계획도<br>안내판류 설치계획도 | • 타공종과 급, 배수 연결 및 위치<br>• 주요부위<br>• 맹암거 연결 및 구배<br>• 포장문양, 타공종 및 포장재와 연결<br>• 안내문구 및 색상, 설치 위치 |
| 기 타 | 특수 구조물 | • 지하매설부분, 시공상 주요부분 |

<그림2-6> 공사감독핸드북(조경)_대한주택공사_도시출판 건설도시]

## 5. 월간 업무

### 1) 월간업무회의

**가. 목적**

○ 매월 첫째주를 주간회의대신 월간회의로 대체하여 많이 실시 하고 있습니다. 내용은 주간업무의 내용이 월간 단위 검토로 바뀌는 정도입니다.

**나. 내용**

○ 월간공정율, 월간주요공정사항(금월, 차월), 인력투입현황, 장비투입현황, 주요자재투입현황

**다. 제출**

○ 관공서 및 일반회사는 통상적으로 월요일 오전에 개최합니다.
○ 이에, 작성은 매월 마지막주 금요일까지 마감이 많이 있습니다.
○ 각 회사별, 현장별 틀리므로 확인하시 바랍니다.

### 2) 월간 전경사진 촬영

○ 월별 전경사진을 촬영하고 보관한다.

### 3) 검측서류대장 통보(필요시 또는 월1회)

○ 월별 검측현황을 정리하여 제출한다.
○ 기성서류에 포함사항으로 기성신청시 제출하는 현장에 많이 있습니다.

> **TIP**
>
> 1. 매몰 예정 지역은 반드시 배경이 포함되게 촬영을 하여야 합니다.
> 2. 현장전체전경은 2주에 한번씩 같은 장소에서 주시적으로 촬영을 하여야 합니다.
> 3. 현장방문시 눈에 보이는 것은 모두 촬영하는 것이 이후 활용도에 유리합니다.

### ▶ 공사사진 관리요령

① 매일 현장점검시 필요사진 촬영(핸드폰)
② 한달에 한번 컴퓨터로 파일명이 "20180103.jpg" 찍은 날짜가 나오게 저장
  (요즘 핸드폰은 자동으로 찍은 날짜로 파일명이 저장됩니다.)
③ 사진 파일 축소(최소 300~900KB)_현장사진대지용으로 충분합니다.
  (저는 알씨 프로그램에서 크기조정 30%로 일괄 조정하여 저장합니다)
④ 폴더별 저장 (1.착공전사진, 2.전체전경, 3.공사구간별사진)

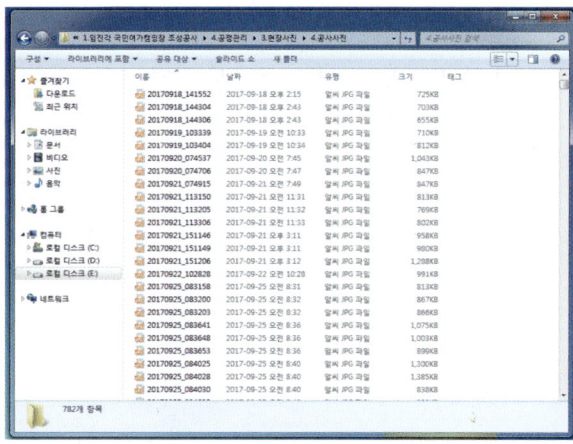

<그림2-7> 사진대지 정리 방법①

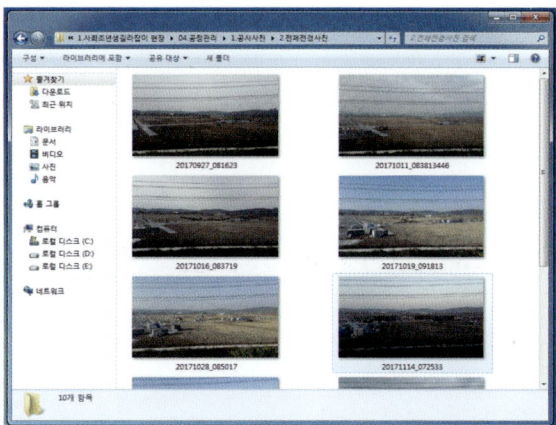

<그림2-8> 사진대지 정리 방법②

## 02 공무업무

## 1. 업무투입시 작성서류

### 1) 착공계
가. 제1장 2.2 착공계 제출 참조

### 2) 착공보고 프리젠테이션 (15일이내)
가. 15일이내 작성 제출

### 3) 현황판 작성
가. 의무사항은 아닙니다.

### 4) 비산먼지/ 특정공사 신고 (공사실착공전)
가. 환경과위생과 방문 협의 후 신고

### 5) 가설사무실 개설 관련 신고
가. 3.1.2 현장사무실 설치를 위한 행정절차 참조

### 6) 사업장폐기물 배출자 신고
가. 5TON이상의 폐기물을 배출시 도급사는 지자체에 폐기물 배출자 신고를 하도록 의무사항으로 규정되어 있음, 5톤이상은 발주처 직접처리 조건입니다.

나. 관련절차
　① 폐기물 등록 업체 선정
　② 신고서 작성후 지자체 환경담당과에 접수
　③ 올바로 시스템 등록(「제9장 부록 4.올바로시스템 사용방법」참조)
　④ 폐기물 배출 및 올바로 시스템 기록

## 7) 현황측량 도면 제출 (15일 이내)
가. 현황측량을 실시하여 설계도서와 비교검토 한 도면을 제출
나. 향후 설계변경의 근거 자료로 활용

## 8) 설계검토의견서 제출 (30일이내)
가. 내역, 도면, 시방서등을 검토하여, 수량 누락된 부분, 기술적으로 불가능한 부분, 시방서 수정이 필요한 부분을 명기하여 제출합니다.
나. 향후 설계변경의 근거 자료로 활용

## 9) 실행내역서 작성
　① 본사에서 결정된 실행내역서를 검토 합니다.
　② 실행내역이 작성되지 않았으면, 업체 견적을 받고, 투입인원 및 경비를 계산하여 실행내역서를 작성합니다.
　③ 현장소장 및 공무담당의 주요업무 중 하나입니다.

## 10) 하도급 업체선정
　① 하도급 업체 선정을 위한 공구분할
　② 선정절차 :
　　하도급 현장설명서 작성 → 참여업체 선정 → 현장설명회 개최
　　→ 입찰 → 개찰 → 개찰결과 통보 → 하도급 계약

## 11) 가설울타리, 레핑시안, 상황판 제작
　① 현장사무실 개소시 가설울타리 계획를 계획하고

② 지자체 요구하는 양식에 따른 가설울타리 레핑
③ 현장개요가 담긴 상황판을 제작합니다.

## 12) 각종인증 절차 검토

### 가. 녹색건축인증

　나. BF인증(장애물 없는 생활환경 인증)

　다. 에너지절약형 친환경주택의 건설기준

　라. 에너지효율등급 인증

　마. 건축물 에너지 소비 총량제(BESS)

　바. 건강친화형 주택건설기준

　사. 범죄예방 건축기준, 범죄예방 환경설계 인증(CEPTED)

　아. 장수명 주택 건설 및 인증기준

<그림2-9> 올바로 시스템 사이트 캡쳐(www.allbaro.or.kr)

## 2. 하도급업체 선정시

### 1) 하도급 통보(계약체결 후 30일이내)

**가. 개요**

『건설산업기본법 시행령 제32조(하도급의통보)』에 의거하여 하도급 계약체결후 30일이내 별지 제23호서식과 별지 제23호의3서식에 따르고, 재하도급 승낙의 통보는 별지 제23호의2서식에 따라 발주처에 통보하게 되어 있음.

**나. 구비서류**

① 하도급계약 통지서(건설산업기본법시행규칙 별지 제23호)
② 도급사 산업재해 보험가입 증명원, 건설근로자퇴직공제가입자증
③ 하도급계약서 및 공사내역서
④ 원하도급 대비표
⑤ 예정공정표
⑥ 하도급대금 직접지급 합의서
⑦ 하수급인 관련서류
  - 하수급인 사용인감계, 인감증명, 면허증 및 면허수첩사본, 사업자등록증사본
  - 하수급인 건설기술자 현장대리인계, 재직증명서, 기술자수첩사본, 경력증명서
  - 하도급계약이행보증서 사본, 이행(선급금)보증보험증권 사본, 선금비율조정관련 공문
⑧ 자기평가심사표

**다. 제출일시**

○ 하도급 계약체결일로부터 30일 이내
○ KISCON으로 제출 가능함

## 3. 매일업무

### 1) 실정보고(현황보고)

**가. 개요**

실정보고란, 설계도서와 다르게 변경이 발생하였을 경우 변경도면과 사유서, 개략공사비를 산출하여 공사 투입전 감독에서 우선 승인을 득하고 작업투입하기 위한 절차입니다. 이후, 실정보고 건을 모아서 설계변경이 이루어 집니다.

**나. 설계도서의 구성**

① 설계도, 시방서, 특기시방서, 설계내역서

**다. 설계내역서의 구성**

① 원가계산서, 내역서, 일위대가목록, 일위대가표, 수량산출서, 장비일위대가 산근(산출근거), 자재조서, 노임단가, 중기사용료, 실적단가표

**라. 실정보고 서류 구성 : 「제6장 1.실정보고 작성방법」참조**

① 실정보고 보고서
② 실정보고 당초/변경 도면
③ 실정보고 내역서(원가계산서, 당초/변경 내역서, 일위대가목록, 일위대가표)

**마. 실정보고 절차(현장에 따라 공사팀에서 시행)**

## 2) 감독요구서류 작성

○ 건설사관련 자료

○ 출력관련

○ 인원/장비투입관련

○ 내부보고 서류등

## 4. 월간업무

### 1) 설계변경(필요시)
○ 2-5 설계변경 참조

### 2) 기성(선급금, 준공금) 신청
○ 2-6 기성신청 참조(다음장)

### 3) 대금지급 서류 준비
○ 자재대금
○ 장비대금
○ 임직원 인건비(반장, 청소원등)
○ 하도급대금
○ 기타경비

### 4) 본사 월말 서류 제출
○ 월간 원가분석표
○ 월간공정 회의자료
○ 기타 본사 요구사항

# 5. 설계변경

## 1) 개요

설계변경이란, 실정보고를 모아 계약 변경하는 절차임
※ 실정보고의 절차에서 계약변경이 추가 되었다고 생각하시면 됩니다

## 2) 설계변경 서류 구성

① 설계변경 보고서(실정보고서에서 제목 변경)
② 설계변경 당초/변경 도면
③ 설계변경 내역서
　(원가계산서, 당초/변경 내역서, 일위대가목록, 일위대가표)
④ 설계변경 증빙서류(견적서, 물가정보등 제품단가 증빙서, 품셈적용시 품셈
　해당페이지, 각종 증빙자료)
⑤ 설계변경 완료 후 제출서류
　- 품질변경 계획서
　- 변경예정공정표
　- 하도급 변경통보(도급변경계약후 30일 이내제출)
　- 안전관리 변경계획서
　- 환경관리 변경계획서
　- 시방서(추가사항)

## 3) 설계변경 절차

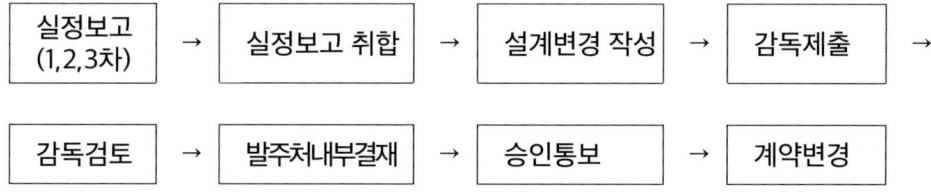

## 6. 기성신청

### 1) 개요

건설업공사의 특성상 다양한 재품을 사용한 복합공정으로 공사비용의 규모가 크고 많은 기간이 소요되므로 공사시작 시점 또는 완공시점에 일시불로 지급받고 않고 공사 진행에 따라 공사비 일부를 지급받는 것을 의미한다

### 2) 기성의 종류

① 선급금 : 공사 시작전 자재비, 장비대등을 지급하기 위해 우선 지급받는 금액
② 기성금 : 공사 진행에 따라 공사비 일부를 지급받는 금액
③ 준공금 : 공사 종료 후 선급금과 기성금을 제외하고 잔여금액을 청구해서 받는 금액
④ 노무비 우선지급 : 월별기성이 없을시 노무비만 구분하여 신청할 수 있습니다.

### 3) 기성신청 절차

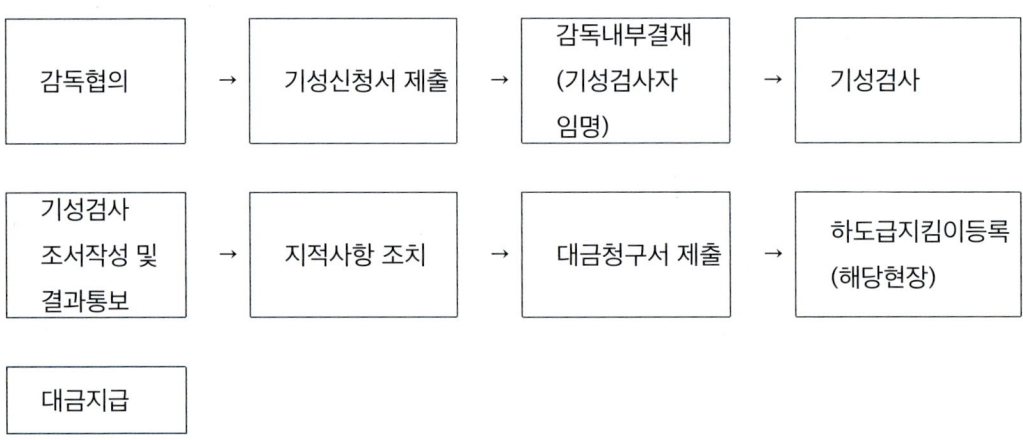

## 4) 기성신청 서류 구성

| [선급금 청구시] | [기성금 청구시] | [준공금 청구시] | [노무비 구분지급시] |
|---|---|---|---|
| 1.선급금 지급 신청서 | 1.기성부분 검사원 | 1.준공 검사원 | 1.대금지급요청서 |
| 2.선급금 사용계획서 | 2.기성청구 요약서 | 2.준공 내역서 | 2.세금계산서 |
| 3.계좌입금의뢰서 | 3.기성부분 내역서 | 3.산재등 간접비 정산 증빙 | 3.시세,국세완납증명원 |
| 4.통장사본 | 4.산재등 간접비 정산 증빙 | 4.안전관리비 사용내역서 | 4.사업자등록증 사본 |
| 5.선급금 보증서 | 5.안전관리비 사용내역서 | 5.환경관리비 사용내역서 | 5.통장사본 |
|  | 6.환경관리비 사용내역서 | 6.선급금 사용내역서 | 6.근로자 노무비 청구 및 전회 지급 총괄표 |
|  | 7.선급금 사용내역서 | 7.준공 사진대지 |  |
|  | 8.기성사진대지 | 8.준공 도면 및 산출내역서 | 7.근로자 노무비 청구내역서 |
|  | 9.기성도면 및 수량산출서 | 9.유지관리지침서 | 8.노무비 지급명세서 |
|  | 10.품질시험 성과표 | 10.준공정산 동의서 | 9.각인원별 주민등록증 및 통장사본 |
|  |  | 11.검측요청서 |  |
|  |  | 12.주요자재 검수요청서 |  |
|  |  | 13.공사일보(준공일) |  |
|  |  | 14.인수인계사항 |  |
|  |  | 15.품질시험 성과표 |  |

## 5) 기성검사

○ **목적**
  - 기성청구 수량이 설계도서에 맞게 시공완료 되었으며, 그 수량이 적정한지 유무를 확인하기 위한 절차임

○ **준비물**
  - 사진기, 측량기기(레벨기/광파기/GPS등), 검측장비(줄자, 스타프,고자(수목측량)등)
  - 기성청구 도면, 수량산출서, 매몰지역 확인용 사진대지
  - 검사자용 장갑, 검사자용 안전모, 검사자용 안전화
  - 현장정리 및 청소
  - 이동이 필요할 경우 차량
  - 지적사항 나올 경우 바로 조치할 수 있는 인원 대기

○ **주안점**
  - 기성검사시 검사자의 동선을 미리 파악하고 안내함
  - 현장대리인 및 기성 해당 하도급 관계자는 필히 참석
  - 기성검사시 검사자의 물음에 성실히 답변 및 지적사항 발생시 즉시 시정조치

**김영란법에 접촉되지 않는 범위에서 간단한 다과를 필히 준비하고 검사자용 안전모, 안전화등을 갖추지 않는 경우가 많습니다.
또한 차량은 세차를 완료하고 깨끗한 상태에서 기성검사를 받는 것이 좋습니다.**

## 6) 대금청구

○ **필요서류(발주처, 감리단, 시공사 각1부 필요)**

① 대금지급요청서
② 계좌입금의뢰서
③ 세금계산서
④ 사업자등록증 사본
⑤ 통장사본
⑥ 시국세 완납증명서
⑦ 지적사항 처리대장

## 7) KISCON 등록

### 1) 개요

1990년대 중반 WTO가입, OECD체제 출범 등으로 국내시장이 외국업체에게 개방으로 면허제에서 등록제로 전환, 협회가입 임의화 등 경쟁원칙에 입각하여 건설산업 규제가 완화되어 왔으며 그 결과 건설산업이 급격하게 증가되어 시기적절한 정책의 수립 및 이의 근간이 되는 체계적인 건설산업정보의 관리의 필요성이 대두하게 되었으며, 이에 국가차원에서의 건설산업정보 통합관리체계를 마련하고자 국토교통부에서 1999년부터 현재까지 '건설산업DB구축사업'을 추진함

'건설산업지식정보시스템(KISCON)'은 '건설산업DB구축사업'의 추진결과로 구축된 건설산업정보의 원활한 유통·활용을 위해 개발된 시스템이며 각 세부시스템을 종합적으로 총칭하는 명칭입니다.

### 2) 구축목적 및 목표

- 국가적 차원의 건설산업정보 종합관리체계구축을 통해 건설산업의 투명성 제고 및 경쟁력 강화 도모
- 건설행정의 정보화 기반 조성을 통한 건설행정의 효율성 제고
- 공사실적을 종합 관리 함 으로써, 공사현장에서 발생하는 각종 불법행위 방지
- 건설산업정보의 상호 연계 기반 조성을 통해 정보 공동 활용 체계 구축
- 건설수요자에게 정보를 공개함으로써 건설시장의 낙후된 구조와 부조리 관행 개선

## 3) 통보대상공사, 방법, 시기, 절차

● 통보대상공사.방법.시기.절차

**통보대상공사 · 방법 · 시기**

| 구분 | 건설공사대장 | 하도급건설공사대장 |
|---|---|---|
| 시행시기 | 2003년 1월 1일 | 2008년 1월 1일 |
| 통보하는주체 | 원도급업체 | 하도급업체 |
| 통보받는주체 | 발주자 | 발주자 |
| 통보대상공사 | - 2003년 1월 1일 이후 3억원(VAT포함) 이상 원도급공사를 도급받은 경우<br>- 2004년 1월 1일 이후 1억원(VAT포함) 이상 원도급공사를 도급받은 경우 | - 2008년 1월 1일 이후 4천만원(VAT포함) 이상의 하도급공사를 하도급받은 경우<br>단, 원도급공사가 건설공사대장 통보대상(1억원 이상의 공사)인 경우에 한함 |
| 통보방법 | 건설산업종합정보망(www.kiscon.net)을 이용하여 전자적으로 통보 ||
| 통보내용 | - 원도급계약일로부터 30일 이내<br>- 통보한 사항에 변경이 발생하거나 새로이 기재하여야 할 사항이 발생한 경우 발생한 날로부터 30일 이내 | - 하도급계약일로부터 30일 이내<br>- 통보한 사항에 변경이 발생하거나 새로이 기재하여야 할 사항이 발생한 경우 발생한 날로부터 30일 이내 |
| 관련법령 | 건설산업기본법 시행령 제26조 제1항, 제3항 | 건설산업기본법 시행령 제26조 제2항 및 제3항 |

<그림2-10> KISCON사이트 캡쳐

> **TIP**
>
> 통상적으로는 건설회사 본사에서 관리하고 있습니다. 그러나, 변경사항 발생시 현장에서 수정하는 경우가 있으며, 현장감사시 키스콘관리대장을 요구하니 현장에서도 관심을 가지고 관리하시기 바랍니다.

### ▶ 참고1. 노무비 구분관리 및 지급확인제

[추진배경]
국토부·기재부·노동부가 합동으로 발표한 '건설근로자 임금보호 강화방안'에 따라
『건설근로자 노무비 구분관리 및 지급확인제』도입('11.12)을 추진토록 함
(건설경제과-5996, 2011.12.28.)

[관련규정]
계약예규(2200.04-104-25, 2012.01.01.)『공사계약일반조건』제43조의3, 건설근로자 노무비 구분관리 및 지급확인제」추진 지침

[개념]
- 구분관리제 : 발주기관, 계약상대자 및 하수급인이 노무비를 노무비 이외의 대가와 구분하여 관리하고 근로자 개인 계좌로 입금
- 지급확인제 : 발주기관에서 매월 근로자별 노무비 지급여부 확인

### ▶ 참고2. 하도급지킴이

[추진배경]
건설현장에 대금 미지급이 심각하여 발주기관에서 원·하도급자간 계약서 작성, 대금지급 등 하도급 과정을 실시간으로 확인할 수 있는 시스템 도입이 필요해짐

[관련규정]
1. 『전자조달의 이용 및 촉진에 관한 법』에 하도급관리시스템(하도급지킴이)을 통해 하도급관리를 할 수 있도록 법률로 규정('16년 개정)
2. 조달청 시설공사 집행기준에 따라 발주 공고서에 명시됨

[개념]
정부에서 시행하는 공사에 대하여 발주기관에게 하도급 계약을 확인·승인하고 하도급 대금 등의 직접지급 또는 적정지급 여부를 확인하도록 하는 등 공정한 하도급 거래문화를 조성하기 위한 시스템, 하도급 관리시스템을 통하여, 공공사업을 수행하는 원·하수급자는 하도급 계약체결 및 대금지급 등을 온라인으로 처리하고 발주기관은 실시간으로 이를 확인할 수 있습니다.

[이용방법]
조달청 하도급지킴이 사이트인 http://hado.g2b.go.kr
사이트에 가면 이용방법이 자세히 설명되어 있음

## 7. 기타 공무가 알아야 할 사항

### 1) 차수별 계약이란?

일정규모 공사를 진행하기 위해 총공사 금액은 정하여 계약을 하는데, 매년 해야할 공사수량과 금액을 예산의 배정에 따라 구분하여 1차, 2차, 3차등으로 매년마다 확보한 금액내에 공사를 진행하는 방법을 말합니다.

예를 들면 300억공사를 하고 싶은데, 금년에 확보된 예산은 100억이라면, 총차계약은 300억으로 하며, 1차수 계약을 통해 100억의 공사를 하고 내년 50억 예산을 배정받을 경우 50억에 대한 2차수 계약을 진행하고 50억을 사용하고, 그 후년 170억의 예산을 확보하여 잔여 3차공사를 진행하여 준공하는 장기계속공사의 의미입니다. 이때, 각 차수별은 공사준공과 동일하여 하자보증기간도 차수별 차등이 되도록 합니다.

### 2) 물가변동(ES)

계약 체결 후 계약 금액을 구성하는 각종 비목의 가격이 상승 또는 하락된 경우 그에 따라 계약 금액을 조정하여 계약 당사자 일방의 불공평한 부담을 경감시켜 줌으로써 원활한 계약이행을 도모코자 하는 것(일명, Escalation이라 함)임. 계약을 체결한 후의 사정 변경을 반영하는 방법은 그 반영폭에 따라 2가지 방식으로 대별되는데, 계약 금액(또는 잔여 이행 금액)을 기준으로 이를 구성하는 모든 품목의 가격 변동을 반영하는 이른바, 전체 금액 조정 방법이 있고, 주요 건설자재 등 일부 특정 품목의 가격 변동만을 반영하는 개별 품목 조정 방법이 있음.

전자는 장기간에 걸친 통상적인 물가 변동을 반영하는 보편적 조정 방법인 반면, 후자는 유가 인상과 같이 급격한 인플레로 자재 가격이 폭등하는 경우 이를 반영하는 다소 예외적인 조정 방법임. 물가 변동이 있더라도 일정한 기준 이상의 변동만 조정 대상으로 하는데 그 기준은 일본과 같이 1.5%인 나라도 있지만 대부분의 나라가 5%로 하고 있음.

물가 변동으로 인한 계약 금액의 조정 참조(국방과학기술용어사전, 2011., 국방기술품질원)

※ 계약서상 물가변동에 대한 항목이 아래와 같이 명시되어 있습니다.

제9조(물가변동으로 인한 계약금액 조정)
국가계약법 시행령 제64조는 각 중앙관서의 장 또는 계약담당공무원은 국고부담이 되는 계약을 체결한 날로부터 90일 이상 경과하고 품목조정률이나 지수조정률이 3% 이상 증감된 때에는 계약금액을 조정한다

## 3) 개산급 신청

국가 또는 지방자치단체가 지출금액이 미확정인 채무에 대해 지급의무가 확정되기 전에 개산(어림샘)으로 지급하는 일.

※ 기성금 신청시 개산급으로 신청하면 향후 물가변동(ES) 적용 현장에 되었을 경우, 기성청구에 해서 물가변동 금액을 인정받을 수 있으므로 기성청구는 가능한 개산급으로 신청하는 것이 유리 합니다.

다만, 물가변동 조건으로 발생시점 기준으로 적용대상은

① 최초 예정공정표상의 공정율
② 공사진행 작업일보 제출에 의한 공정율
③ 정식기성 청구에 따른 지급에 따라 다르게 적용 되므로 면밀히 검토 후 신청하기
   바랍니다.

## 4) 폴더관리요령

신입사원을 보면 폴더 관리가 안되어 자료를 저장하고 찾지 못하는 경우를 많이 보았습니다. 다음을 참고하여 폴더 관리를 하시기 바랍니다.

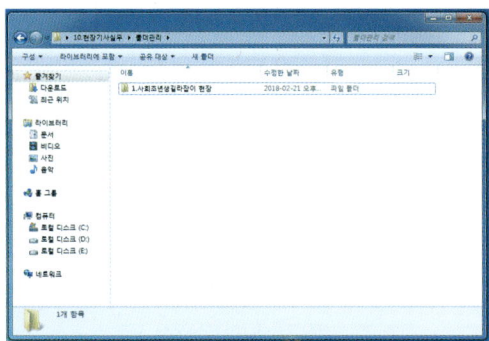

<그림2-11>

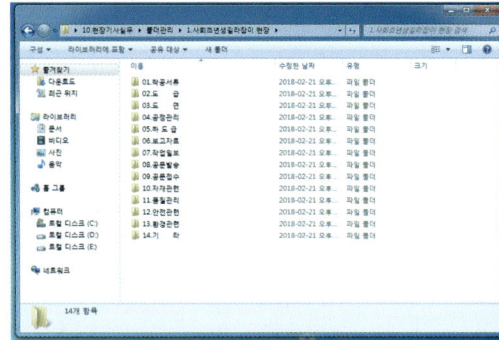

<그림2-12>

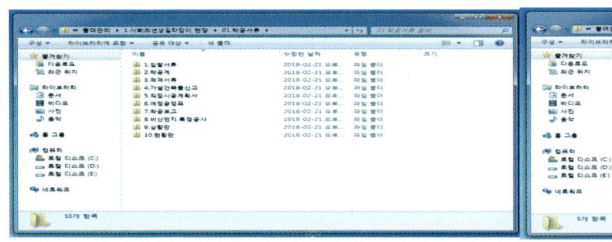

<그림2-13>

<그림2-14>

<그림2-15>

<그림2-16>

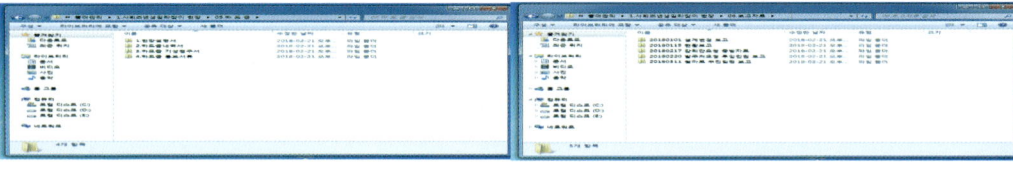

<그림2-17>            <그림2-18>

<그림2-19>

<그림2-20>

<그림2-21>

<그림2-22>

<그림2-23>

<그림2-24>

<그림2-25>

<그림2-26>

> **TIP**
>
> 1. 폴더앞에 숫자는 넣는 것 활용하기에 편합니다.
> 2. 공문폴더에는 날짜를 앞에 넣어서 관리하면 순서되로 정리가 됩니다.

## 03 품질업무

## 1. 품질관리의 개념

### 1) 품질관리의 목적

○ 건설공사의 품질관리란 발주자의 요구에 맞는 품질의 목적물을 경제적으로 만들기 위한 모든 수단과 체계를 총칭하는 것으로 시방서나 도면 등 설계서에 명시된 제품과 규격을 충족하며, 모든 작업 단계에서 검사 및 시험을 실시해 문제점을 조기에 발견하여 원인을 규명하고, 품질과 안전을 확보함은 물론, 예상되는 하자를 미연에 방지함으로써 건설 및 운영관리 비용 절감 등에 목적이 있다.(2022.건설공사 품질관리 편람, 대전광역시)

### 2) 품질관리계획 등의 수립절차(건설기술진흥법 시행령 제90조)

가. 품질관리(시험)계획을 수립한 때에는 미리 공사감독자 또는 건설사업관리 기술인의 검토·확인을 받아야 하며, 건설공사를 착공하기 전에 발주자의 승인을 받아야 함 (건설공사 현장의 부지 정리 및 가설사무소의 설치 등의 공사준비는 착공으로 보지 아니함)
나. 품질관리(시험)계획의 내용을 변경하는 경우에도 동일
다. 건설공사의 발주자는 품질관리(시험)계획을 인·허가기관의 장에게 제출
라. 품질관리(시험)계획을 제출받은 발주자나 인·허가기관의 장은 내용을 검토하여 그 결과(적정, 조건부 적정, 부적정)를 통보해야 한다.

### 3) 품질시험 및 검사(건설기술진흥법 시행령 제91조제1항)

가. 건설사업자와 주택건설등록업자는 품질관리(시험)계획에 따라 품질시험 및 검사를 하여야 한다. 이 경우 건설사업자나 주택건설등록업자에게 고용되어 품질관리 업무를 수행하는 건설기술인은 품질관리(시험)계획에 따라 그 업무를 수행하여야 한다(법 제55조제2항)
나. 품질시험 및 검사는 한국산업표준, 건설기준 또는 국토교통부장관이 정하여 고시하는 건설공사 품질검사기준에 따라 실시

다. 품질시험 및 검사를 하거나 대행하는 자는 별지 제42호서식의 품질검사 대장에 품질검사의 결과를 적되, 전자적 처리가 불가능한 특별한 사유가 없으면 전자적 처리가 가능한 방법으로 작성·관리(규칙 제50조제1항)

라. 건설공사현장에서 하는 것이 적절한 품질검사는 건설공사현장에서 하여야 하며, 구조물의 안전에 중요한 영향을 미치는 시험 종목의 품질시험을 할 때에는 발주자가 확인하여야 한다(규칙 제50조제2항)

## 4) 품질관리(시험)계획 수립대상 공사범위 등 (건설기술진흥법 시행령 제89조)

| 구 분 | | 품질관리계획 | 품질시험계획 |
|---|---|---|---|
| 계획 수립 | 대상 | ① 감독 권한대행 등 건설사업관리대상인 건설공사로서 총공사비가 500억 이상인 건설공사<br>② 다중이용 건축물의 건설공사로서 연면적이 3만제곱미터 이상인 건축물의 건설공사<br>③ 해당 건설공사의 계약에 품질관리계획을 수립하도록 되어 있는 건설공사 | ① 총공사비가 5억원 이상인 토목공사<br>② 연면적이 660제곱미터 이상인 건축물의 건축공사<br>③ 총공사비가 2억원 이상인 전문공사<br>※ 총공사비 : 관급자재비를 포함하되, 토지 등의 취득사용에 따른 보상비는 제외한 금액 |
| | 작성자 | - 건설사업자와 주택건설등록업자 | |
| | 내용 | 한국산업표준인 KS Q ISO 9001등에 따른 일반사항 등 10개 항목에 대한 사항<br>(건설공사 품질관리 업무지침 별표1) | 개요, 시험계획, 시험시설, 품질관리를 수행하는 건설기술인 배치계획 등 4개 항목<br>(시행령 제890조제2항관련 별표9) |
| 적절성 확인 | 시기 | 해마다 한번 이상 실시(준공 2개월 전까지 실시) | |
| | 확인자 | 발주청, 인·허가기관의 장(법 제55조제3항) | |
| | 내용 | 품질관리계획 수립 및 이행여부 | 품질시험계획 수립 및 이행여부 |

※ 품질관리계획 또는 품질시험기계을 수립할 필요가 없는 건설공사
 (건설기술진흥법 시행령 제89조제3항, 같은법 시행규칙 제49조)
　1.원자력시설공사, 2.조경식재공사, 3.철거공사
※ 단, 건설공사의 설계도서에서 품질관리(시험)계획을 수립하도록 되어 있는 경우 제외

## 5) 품질검사를 하지 아니할 수 있는 재료(건설기술진흥법 시행령 제91조제2항)

가. 품질검사를 대행하는 국립·공립 시험기관 또는 건설엔지니어링사업자의 시험성적서가 제출되는 재료. 이 경우 시험성적서가 제출되는 재료는 발주자 또는 건설사업관리용역사업자의 봉인 또는 확인을 거쳐 시험한 것으로 한정
나. 한국산업표준 인증제품, 「산업안전보건법」제82조에 따른 안전인증을 받은 제품
다. 「주택법」등 관계 법령에 따라 품질검사를 받았거나 품질을 인증받은 재료

※ 다만, 시간경과 또는 장소 이동 등으로 재료의 품질 변화가 우려되어 발주자가 품질검사가 필요하다고 인정하는 경우와 자재를 재사용하는 경우에는 품질검사를 해야 한다.

## 6) 품질관리 업무를 수행하는 건설기술인의 업무(건설기술진흥법 시행령 제91조제3항)

가. 품질관리계획 또는 품질시험계획의 수립 및 시행
　나. 건설자재·부재 등 주요 사용자재의 적격품 사용 여부 확인
　다. 공사현장에 설치된 시험실 및 시험·검사 장비의 관리
　라. 공사현장 근로자에 대한 품질교육
　마. 공사현장에 대한 자체 품질점검 및 조치
　바. 부적합한 제품 및 공정에 대한 지도·관리

## 7) 건설공사 품질관리를 위한 시설 및 건설기술인 배치기준

　(시행규칙 별표5)

| 공사구분 | 공사규모 | 시험·검사장비 | 시험실 규모 | 건설기술인 |
|---|---|---|---|---|
| 특급 품질관리 대상 공사 | 영 제89조제1항제1호 및 제2호에 따라 품질관리계획을 수립해야 하는 건설공사로서 총공사비가 1,000억원 이상인 건설공사 또는 연면적 5만㎡ 이상인 다중이용 건축물의 건설공사 | 영 제91조제1항에 따른 품질검사를 실시하는 데에 필요한 시험·검사장비 | 50㎡ 이상 | 가. 품질관리 경력 3년 이상인 특급기술인 1명 이상<br>나. 중급기술인 이상인 사람 1명 이상<br>다. 초급기술인 이상인 사람 1명 이상 |
| 고급 품질관리 대상 공사 | 영 제89조제1항제1호 및 제2호에 따라 품질관리계획을 수립해야 하는 건설공사로서 특급품질관리 대상 공사가 아닌 건설공사 | 영 제91조제1항에 따른 품질검사를 실시하는 데에 필요한 시험·검사장비 | 50㎡ 이상 | 가. 품질관리 경력 2년 이상인 고급기술인 이상인 사람 1명 이상<br>나. 중급기술인 이상인 사람 1명 이상<br>다. 초급기술인 이상인 사람 1명 이상 |
| 중급 품질관리 대상 공사 | 총공사비가 100억원 이상인 건설공사 또는 연면적 5,000㎡ 이상인 다중이용 건축물의 건설공사로서 특급 및 고급품질관리 대상 공사가 아닌 건설공사 | 영 제91조제1항에 따른 품질검사를 실시하는 데에 필요한 시험·검사장비 | 20㎡ 이상 | 가. 품질관리 경력 1년 이상인 중급기술인 이상인 사람 1명 이상<br>나. 초급기술인 이상인 사람 1명 이상 |
| 초급 품질관리 대상 공사 | 영 제89조제2항에 따라 품질시험계획을 수립해야 하는 건설공사로서 중급품질관리 대상 공사가 아닌 건설공사 | 영 제91조제1항에 따른 품질검사를 실시하는 데에 필요한 시험·검사장비 | 20㎡ 이상 | 초급기술인 이상인 사람 1명 이상 |

비고

1. 건설공사 품질관리를 위해 배치할 수 있는 건설기술인은 법 제21제1항에 따른 신고를 마치고 품질관리 업무를 수행하는 사람으로 한정하며, 해당 건설기술인의 등급은 영 별표 1에 따라 산정된 등급에 따른다.
2. 발주청 또는 인·허가기관의 장이 특히 필요하다고 인정하는 경우에는 공사의 종류·규모 및 현지 실정과 법 제60조제1항에 따른 국립·공립 시험기관 또는 건설엔지니어링사업자의 시험·검사대행의 정도 등을 고려하여 시험실 규모 또는 품질관리 인력을 조정할 수 있다.

## 2. 업무투입시 작성서류

### 1) 품질관리계획서 또는 품질시험계획서 작성

　○ 건설기술진흥법 시행령 제89조(품질관리계획 등의 수립대상 공사)

　※ 품질관리계획서는 본사 ISO 품질관련 파일을 확인하시면 쉽게 작성하실 수 있습니다.
　※ 품질시험계획은 『건설공사_품질관리_업무지침(국토교통부 고시 제2017-450호)』를 참조하시면 쉽게 작성하실 수 있습니다.

### 2) 품질관리(시험)계획서 발주처 승인 접수

　○ 건설기술진흥법 시행령 제90조(품질관리 계획등의 수립절차)

### 3) 품질관리자 교육이수(건설기술진흥법 시행령 별표3에 명기)

　① 최초로 품질관리업무를 수행하려는 경우 최초교육 이수
　② 품질관리업무를 수행한 기간 3년 마다 전후 6개월 이내 계속교육 이수

### 4) 품질관리 시험실 배치 및 시험기구 배치

　① 시험실 규모에 맞는 시험실배치

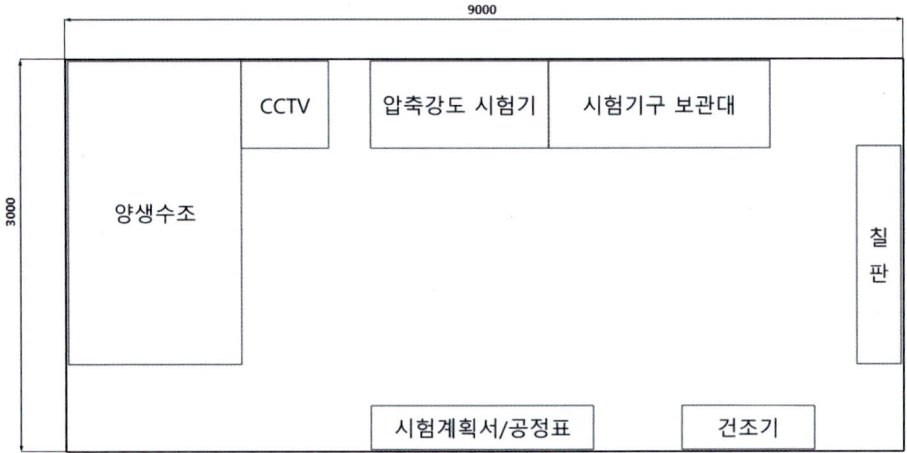

※ 품질시험실에는 품질시험 용도의 물건만 인정하므로 다른 물품을 두면 면적에서 제외 됩니다.
　(ex, 책상, 회의테이블, 냉장고등 품질시험과 관계없는 물품 제외)

② 품질시험기구 배치(중급현장 예시, 월35만원내외)
※ 품질시험기구 대여업체를 이용하시면 손쉽게 배치가 가능합니다.

| NO | 시험기구 | 규 격 | 수 량 | 교정주기 | 비 고 |
|---|---|---|---|---|---|
| 1 | 전동식 압축강도시험기 | 980kn | 1대 | 1회/년 | |
| 2 | 공시체몰드 | 10x20cm | 27개 | | |
| 3 | 공시체집게 | 10cm | 1개 | | |
| 4 | 슬럼프시험기 | 10x20x30cm | 1조 | | |
| 5 | 공기량측정기 | | 1대 | 1회/년 | |
| 6 | 염화물측정기 | DY-2501α | 1대 | 1회/년 | |
| 7 | 전기식지시저울 | 2kg~0.1g | 1대 | | |
| 8 | 전기식지시저울 | 20kg~1g | 1대 | | |
| 9 | 전기식지시저울 | 150kg~10g | 1대 | | |
| 10 | 건조기 | 중형 | 1대 | | |
| 11 | 혼합팬 | 100x100cm | 1개 | | |
| 12 | 혼합팬 | 50x50cm | 1개 | | |
| 13 | 디지털온도계 | 양생수조용 | 1개 | | |
| 14 | 함수율측정기 | 목재용 | 1대 | 1회/년 | |
| 15 | 디지털 버니어캘리퍼스 | 300mm | 1대 | 1회/년 | |
| 16 | 디지털 마이크로미터 | 25mm | 1대 | 1회/년 | |

| NO | 시험기구 | 규 격 | 수 량 | 교정주기 | 비 고 |
|---|---|---|---|---|---|
| 17 | 슈미트햄머 | N 형 | 1 대 | | |
| 18 | 보온재절단기 | 열선포함 | 1 조 | | |
| 19 | 원추형몰드 및 다짐봉 | | 1 조 | | |
| 20 | 데시게이터 | 중 형 | 1 대 | | |
| 21 | 도막두께측정기 | 철 용 | 1 대 | 1회/년 | |
| 22 | 메스실린더 | 500cc,1000cc | 각1개 | | |
| 23 | 비이커 | 500cc,1000cc | 각1개 | | |
| 24 | 메스플라스크 | 500cc,1000cc | 각1개 | | |
| 25 | 양생수조 | 2.0x1.0x0.8m | 1 대 | | |
| 26 | 수조용히터 | | 1 개 | | |
| 27 | 잔골재표준체 | | 1 조 | | |
| 28 | 체가름시험기 | 전동식 | 1 대 | 1회/년 | |
| 29 | 시료분취기 | 쿼터린캠퍼스 | 1 대 | | |
| 30 | 벽돌가압판 | | 1 대 | | |
| 31 | 블록가압판 | | 1 대 | | |
| 32 | 크랙확대경 | 10배율 | 1 대 | 1회/년 | |
| 33 | 진열대 | 1.x0.5x1.2m | 3 조 | | |

③ 시험실 부착물 부착

| NO | 내 용 | 사이즈 | 재질 | 비 고 |
|---|---|---|---|---|
| 1 | 기포환산표 | A0 | 포멕스 | |
| 2 | 압축강도환산표 | A0 | 포멕스 | |
| 3 | 골재 품질기준 | A1 | 포멕스 | |
| 4 | 골조계획 | A1 | 포멕스 | |
| 5 | 시험FLOW | A1 | 포멕스 | |
| 6 | 시험기구현황 | A1 | 포멕스 | |
| 7 | 자재제재조치현황 | A2 | 포멕스 | |
| 8 | 자재품질기준표 | A3 | 포멕스 | |
| 9 | 공시체입고현황판 | 60cmX90cm | 화이트보드판 | |
| 10 | 보드판(물성시험) | 40cmX30cm | 화이트보드판 | |
| 11 | 보드판(7일, 28일 압축강도) | 40cmX30cm | 화이트보드판 | |
| 12 | 공종별재료기준 | A1 | 포멕스 | |
| 13 | 품질관리계획 프로세스 | A1 | 포멕스 | |
| 14 | 품질경영시스템 모델 | A1 | 포멕스 | |
| 15 | 기타 필요사항 | | | |

## 5) 레미콘 공장검사 및 품질시험

① 공장검사(최초1회, 분기별1회)
② 레미콘 콘크리트용 굵은골재, 콘크리트용부순잔골재(해당시), 콘크리트용 잔골재 샘플채취 및 시험의뢰
③ 시험결과 수집 후 품질검사대장 작성
④ 보드판 시안

| 현 장 명 | 사회초년생 길라잡이 현장 ||||
|---|---|---|---|---|
| 타설부위 | | | | |
| 규 격 | - | - | 온도(콘/대) | ℃/    ℃ |
| 시험횟수 | | 회 | 업 체 명 | |
| 시험항목 | 시험결과 || 시험기준 ||
| 공 기 량 | | % | ±1.5 % ||
| 슬 럼 프 | | mm | ±25 mm ||
| 염화물함유량 | | kg/m³ | 0.3kg/m³ 이하 ||
| 단위수량 | | kg/m³ | 20kg/m³ 이하 ||
| 시 험 일 | 20    년 || 월 | 일 |

[레미콘 반입 시험 보드판 시안]

| 현 장 명 || 사회초년생 길라잡이 현장 |||
|---|---|---|---|---|
| 타설부위 || | | |
| 규 격 || -    - | 업체명 | |
| | 구분 | 1조 | 2조 | 3조 |
| 日 압축강도시험 | S1 | | | |
| | S2 | | | |
| | S3 | | | |
| 조평균 || | | |
| 평 균 || Mpa |||
| 타설일 || 20   .   . | 시험일 | 20   .   . |

[7일, 28일강도 시험 보드판 시안]

## 6) 품질관련 계획서 및 서류작성

**[품질관련]**

| | [A.계획서] | | [E.정기모니터링관리] |
|---|---|---|---|
| 8A01 | 품질계획서(시험계획서) | 8E01 | 레미콘공장 시험배합보고서 |
| 8A02 | 균열관리계획서 | 8E02 | 레미콘 시공품질관리 점검표 |
| 8A03 | 재료분리관리계획서 | 8E03 | 지내력시험 결과 보고서 |
| 8A04 | ITP검사 및 시험계획서 | 8E04 | 철골초음파,자분탐상 보고서 |
| 8A05 | 양생수조폐수처리계획서 | 8E05 | T,S볼트 축력시험 보고서 |
| 8A06 | 기자재수급계획서 | 8E06 | 철근 가스압접UT검사 보고서 |
| 8A07 | 한중콘크리트관리계획서 | 8E07 | STUD BOLT 타격,구부림시험 |
| 8A08 | 서중콘크리트관리계획서 | 8E08 | 내화단열뿜칠보고서 |
| 8A09 | 매스콘크리트관리계획서 | 8E09 | 월간계측보고서 |
| 8A10 | 매스콘크리트관리방안 | 8E10 | 재료분리관리대장 |
| 8A11 | 공장점검계획서 | 8E11 | 균열관리대장 |
| 8A12 | 품질교육,훈련계획서 | | [F.검사대장] |
| | [B.자재관리] | 8F01 | 품질시험,검사 총괄표 |
| 8B01 | 자재승인요청서승인현황 | 8F02 | 품질시험,검사 실적 보고서 |
| 8B02 | 자재승인요청서 | 8F03 | 품질시험 검사대장(레미콘) |
| | [C.자원관리] | 8F04 | 품질시험 검사대장(레미콘외) |
| 8C01 | 품질관리자 선임계 | 8F05 | 콘크리트시험,검사작업일지 |
| 8C02 | 시험기구 비치현황 | 8F06 | 한중콘크리트 온도관리대장 |
| 8C03 | 시험기구 검교정현황 | 8F07 | 서중콘크리트 온도관리대장 |

| | | | |
|---|---|---|---|
| 8C04 | 계측 및 시험 장비 점검 기록표 | 8F08 | X-R관리도 |
| | [D.시험관리] | 8F09 | 경량기포콘크리트 작업일지 |
| 8D01 | 외부공인기관 시험의뢰서 | 8F10 | 슈미트해머 검사일지 |
| 8D02 | 외부공인기관 성적서 | | [G.기타] |
| 8D03 | KS자재 인증서,성적서 | 8G01 | 양생수조 폐수처리 일지 |
| | | 8G02 | 보관자재 점검표 |

※ 밑줄이 있는 것은 양이 많으므로 PIPE FILE(7mm 2공)으로 철할 것
※ 시방서에 따른 필요서류는 추가할 것

## 3. 매일 업무

### 1) 주요자재 품질검사

#### 가. 절차

- 자체 시험실 시험

품질시험소요 발생 → 자체 품질시험 (필요시 감독/감리 입회) → 확인/기록 → 감독/감리보고

- 외부 품질 시험

품질시험소요 발생 → 외부품질시험기관확인 (방법,금액등) → 감독/감리 검사일정 협의 → 시료채취 (감독/감리 입회) →

품질시험외뢰 (외부기관) → 시험성적서 접수 (외부기관) → 확인/기록 → 감독/감리보고

#### 나. 품질검사 대장 작성

■ 건설기술 진흥법 시행규칙 [별지 제42호서식]

| 품질검사 대장 |||||||||||||
|---|---|---|---|---|---|---|---|---|---|---|---|
| 일련 번호 | 연월일 | 시 | 재료 | 시험·검사 종목 | 시험 기준 | 시험 결과 | 시험 결과 판정 성명 | 시험·검사자 || 건설사업관리 기술자 확인 || 비고 |
| | | | | | | | | 서명 | 성명 | 서명 | |
| | | | | | | | | | | | |
| | | | | | | | | | | | |
| | | | | | | | | | | | |

## 다. 시험기준

※ 『건설공사_품질관리_업무지침([시행 2022. 1. 18.] [국토교통부고시 제2022-30호, 2022. 1. 18., 일부개정])』건설공사 품질시험기준(제8조제1항 별표2)

## 2) 레미콘 품질검사

○ **레미콘 품질검사 요령**

　가. 구조물별 콘크리트 타설현황 작성
　나. 레미콘 물성시험실시
　다. 레미콘 시공품질관리 점검표 작성
　라. 콘크리트(슬럼프,공기량,염화물함유량,압축강도) 시험·검사 작업일지 작성
　마. 사진대지 작성
　바. 현장배합표, 공정관리 입도시험표, 골재표면수시험표, 기타증빙자료 레미콘공장에서 받아서 첨부
　사. 품질검사대장 작성
　아. 7일강도 시험
　자. 7일강도 시험결과 작성
　차. 28일강도 시험
　카. 28일강도 시험결과 작성 및 소장/감리 결재

## 3) 주요반입자재 검수

　○ 당일반입 주요자재 KS확인 검사 및 검수
　○ 철근 반입시 밀시트 확인

## 레미콘 품질시험 기록 샘플1

### 레미콘 시공품질관리 점검표

| 공 사 명 | 사회초년생 길라잡이 현장 | 점 검 일 자 | 2023년 05월 11일 |
|---|---|---|---|
| 자재공급 공장명 | 한일시멘트 | 자 재 반입량 | 150㎥ |
| 감 리 원 | 소속   00건축사사무소   성명   홍 길 동   서명 | | |
| 시 공 자 | 소속   LSD조경수첩   성명   김 중 섭   서명 | | |
| 시공위치 | 구조물명: 본동        부위: 지하 2층 외부합벽(C) | | |

| 시공 장비 점검결과 ||||
|---|---|---|---|---|
| 장 비 명 | 규 격 | 사용대수 | 점검결과 | 조치내용 |
| 1. 펌프카 | 60 | 1 | 이상없음 | |
| 2. 진동기 | 5HP | 1 | 이상없음 | |
| 3. 양생기 | | | | |
| 4. 기타 | | | | |

| 품질관리 점검내용 |||
|---|---|---|
| 원재료 점검내용 | 점검결과 | 조치내용 |
| 1. 콘크리트의 종류 | 25-27-150 | |
| 2. 시멘트의 종류 | 보통 포틀랜드 시멘트 1종 | |
| 3. 혼화제의 종류 | 고성능 AE감수제표준형 | |
| 4. 혼화재의 종류 | 플라이애쉬2종, 고로슬래그미분말3종 | |
| 5. 일일배합표 확인 | 이상없음 | |
| 6. 기타 | | |

| 품질시험 구분 | 시방기준 | 총검사횟수 | 합격횟수 | | 조치내용 |
|---|---|---|---|---|---|
| 1. 슬럼프시험 | 150㎥마다 | 2 | 2 | | |
| 2. 공기량시험 | 150㎥마다 | 2 | 2 | | |
| 3. 염화물이온량(Cl-) | 150㎥마다 | 2 | 2 | | |
| 4. 공시체 강도시험 | 450㎥마다 | 1 | | | |
| 5. 기타 | | | | | |

## 레미콘 품질시험 기록 샘플2

### 콘크리트(슬럼프, 공기량, 염화물함유량, 압축강도) 시험·검사 작업일지

1. 시 험 번 호 : 품질2023-20
2. 시 료 종 류 : 25-45-150
3. 타 설 일 자 : 2023년05월11일
4. 시 공 부 위 : 지하 2층 기둥 (C)
5. 타 설 량 : 84 m³
6. 생 산 자 : 한일시멘트
7. 타설일 외부기온(최고/최저/평균) : 27/10/18.5
8. 콘크리트 온도 : ① 24.7 ℃

■ 공기량, 슬럼프, 염화물함유량                         시험일자 : 2023. 05. 11

| | | 슬럼프(mm) | | | 기준 | 판정 |
|---|---|---|---|---|---|---|
| 슬럼프 | ① | 170 | | | 150±25mm | |
| | ② | | | | | |
| | ③ | | | | | |
| | | 걸보기공기량(%) | 골재수정계수 ㉠ | 공기량(%) | 기준 | 판정 |
| 공기량 | ① | 4.1 | 0.2 | 3.9 | 4.5±1.5% | |
| | ② | | | | | |
| | ③ | | | | | |
| | | 측정치 (Cl-%) | | 단위배합수량(kg/m³)ⓒ | 염화물함유량(kg/m³) ⓒ | 기준 | 판정 |
| | | S-1 | S-2 | 평균 | | | | |
| 염화물함유량 | ① | 0.0088 | 0.0099 | 0.0094 | 170 | 0.014 | 0.30kg/m³ 이하 | |
| | ② | | | | | | | |
| | ③ | | | | | | | |

시험·검사자 : 김 중 섭 (서명)                         감리원 : 홍 길 동 (서명)

■ 7일 압축강도                                        시험일자 : 2023. 05. 18

| 시료 번호 | 지름(mm) ⓑ | | | 파괴하중 (N) ⓔ | 개별 압축강도 (N/㎟) | | 기준ⓓ | 평균압축강도 (N/㎟) | | 판정 | 추정28일강도 (N/㎟) ㉠ |
|---|---|---|---|---|---|---|---|---|---|---|---|
| | d₁ | d₂ | d | | 압축강도 (N/㎟) ⓔ | 보정 압축강도 (N/㎟) Ⓐ | | 평균값ⓧ | 기준ⓑ | | |
| S-1 | | | | | 공란 | | | | | | |
| S-2 | | | | | 공란 | | 25.2 | | 29.6 | | |
| S-3 | | | | | 공란 | | | | | | |

■ 28일 압축강도                                       시험일자 : 2023. 06. 08

| 조 | 시료 번호 | 지름(mm) ⓑ | | | 파괴하중 (N) ⓔ | 개별 압축강도 (N/㎟) | | 조평균 압축강도 (N/㎟) | | 3조 평균압축강도 (N/㎟) | | 판정 |
|---|---|---|---|---|---|---|---|---|---|---|---|---|
| | | d₁ | d₂ | d | | 압축강도 (N/㎟) ⓔ | 보정 압축강도 (N/㎟) Ⓐ | 평균값ⓔ | 기준ⓑ | 평균값 | 기준ⓔ | |
| 1조 | S-1 | | | | | 공란 | | | | | | |
| | S-2 | | | | | 공란 | | | | | | |
| | S-3 | | | | | 공란 | | | | | | |
| 2조 | S-1 | | | | | 공란 | | | | | | |
| | S-2 | | | | | 공란 | | 38.3 | | 45 | | |
| | S-3 | | | | | 공란 | | | | | | |
| 3조 | S-1 | | | | | 공란 | | | | | | |
| | S-2 | | | | | 공란 | | | | | | |
| | S-3 | | | | | 공란 | | | | | | |

※ 본 시험은 KS F 2402, 2405, 2421, 4009에 의하며, 수치의 맺음은 KS Q 5002에 따른다.
※ 작성요령
  ㉠ 레미콘 배합보고서의 골재수정계수 적용    ⓒ 레미콘 배합보고서의 시방배합 단위수량을 표기
  ⓒ 동일 시료를 2회 시험한 값의 평균치를 소수점 이하 둘째자리까지 반올림
  ⓑ 소수점 이하 1자리 끝맺음        ⓔ 유효숫자 3자리 읽음
  ⓔ 공시체 Φ100×200㎜ 적용시 "공란" 처리 [연속된 사사오입에 따른 측정오차 저감목적]
  Ⓐ Φ100×200㎜ 공시체 적용시 보정계수 0.97을 적용하여 계산하고, 유효숫자 3자리로 끝맺음
  ⓓ = ⓧ × 85%              ⓑ = {F₂₈(설계기준강도)-0.336} ÷ 1.51
  ㉠ = (ⓧ × 1.51) + 0.336    ⓑ = ⓧ × 85%        ⓔ = 호칭강도(설계기준강도)

레미콘 품질시험 기록 샘플3

## 사진대지

| 위치 | 지하 2층 외부합벽( C ) | 날짜 | 2023년 5월 11일 |
|---|---|---|---|
| 내용 | Con'c 물성시험(1회) | | |

염분지

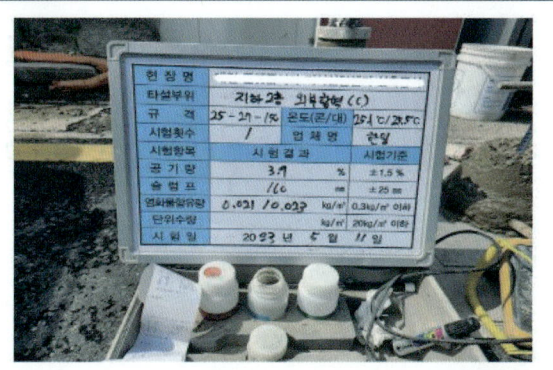

| 위치 | 지하 2층 외부합벽( C ) | 날짜 | 2023년 5월 11일 |
|---|---|---|---|
| 내용 | Con'c 물성시험(1회) | | |

염분지

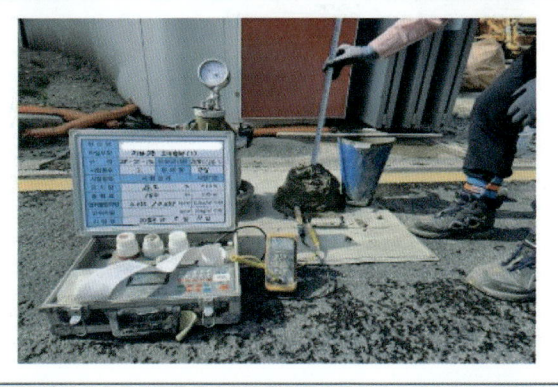

| 위치 | 지하 2층 외부합벽( C ) | 날짜 | 2023년 5월 11일 |
|---|---|---|---|

염분지

## 레미콘 품질시험 기록 샘플4

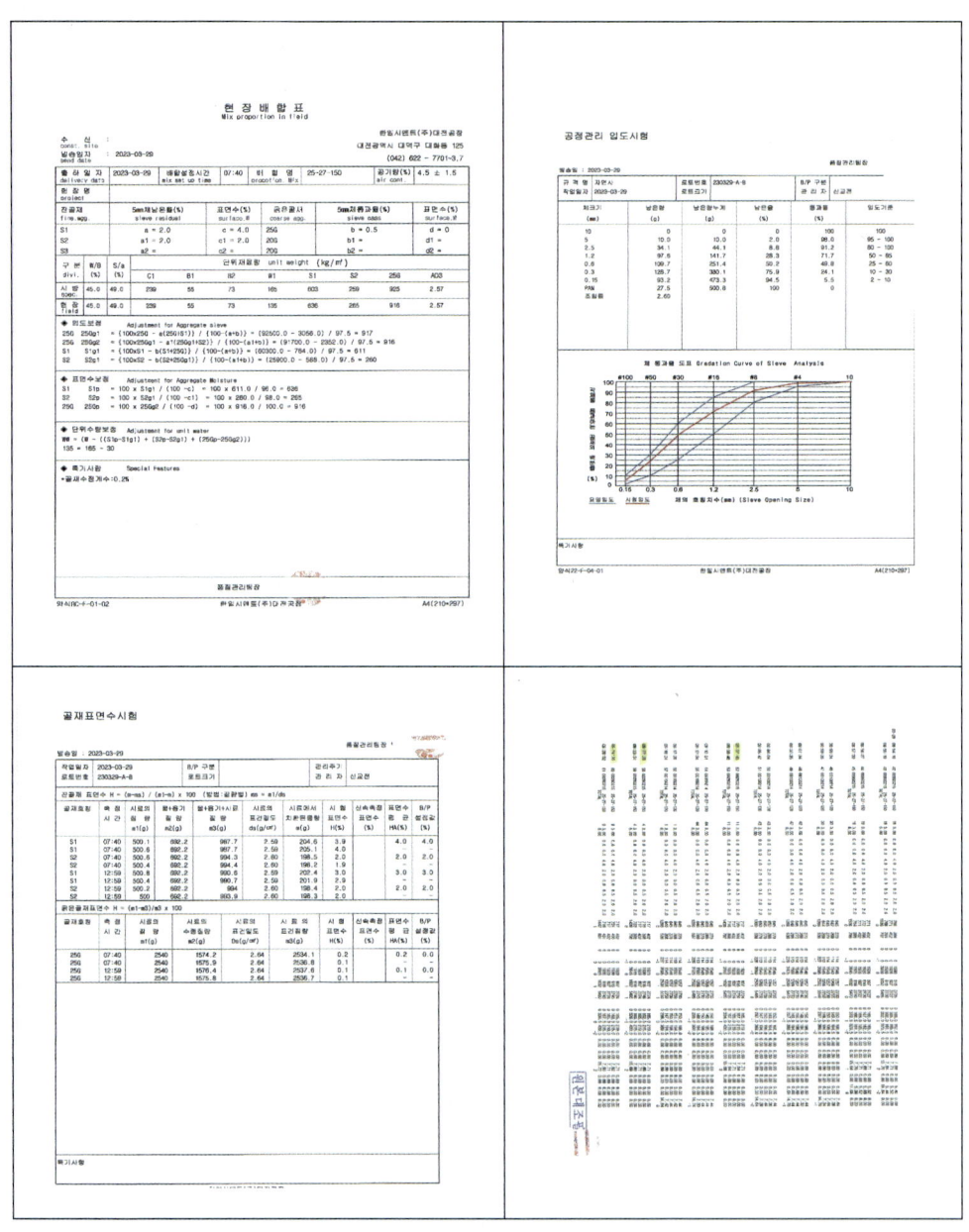

※ 레미콘 공장에서 시험결과를 받아 첨부하시면 됩니다.

참고자료

[품질시험 기준 찾는방법]
E나라 표준인증 사이트 이용(www.standard.go.kr)

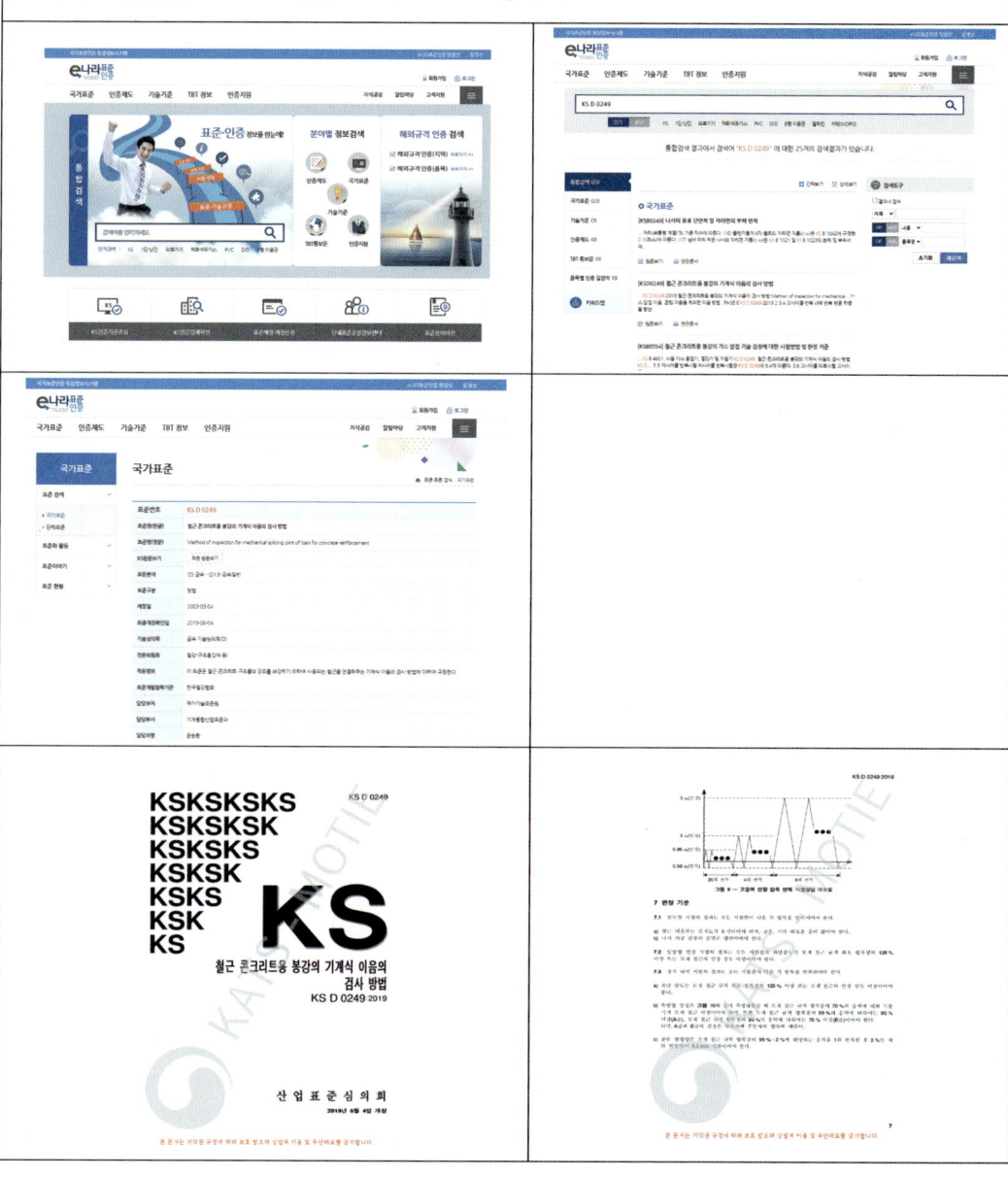

## 4. 월간 업무

1) 품질시험 실적보고 제출

2) 품질시험성과표 제출

3) 품질교육 성과 제출(교육규정은 있으나, 횟수는 정해지지 않음)

4) 품질관리비 정리

- 건설기술진흥법 시행규칙 [별표 6] 품질관리비의 산출 및 사용기준(제53조제1항 관련)에 의거 하여 정리

**품질시험·검사성과 총괄표 ( 2018년 05월 실적)**

현 장 명 : 사회초년생 길라잡이 조성공사    (공사기간 : 2018. 01. 01. ~ 2018. 12. 31.)    공정 ( 100 %)

| 종 별 | 시험 종목 | 시험 방법 | 시험 빈도 | 단위 | 시험계획 물량 | 총횟수 | 실시 | 합격 | 불합격 | 재시험 | 미실시 | 비 고 |
|---|---|---|---|---|---|---|---|---|---|---|---|---|
| 되메우기 및 구조물 뒷채움 | 다짐 | KS F 2312 | 재질 변화시마다 | M3 | 8,286 | 4 | 4 | 4 | | | | 외부기관 의뢰 |
| | 평판재하 | KS F 2310 | 현장밀도시험불가능시 | | | | | | | | | |
| 포틀랜드 시멘트 (KS L 5201) | 화학성분 | KS L 5120 | 제조회사별 300톤마다 제조일부터 3월이 되어 재질의 변화가 있다고 인정되는 때 | TON | 14 | 1 | - | 1 | | | | 외부시험 성적서 |
| | 분말도 | KS L 5106 | | | | | | | | | | |
| | 안정도 | KS L 5107 | | | | | | | | | | |
| | 응결 시간 | KS L 5108 | | | | | | | | | | |
| | 압축강도 | KS L 5105 | | | | | | | | | | |
| | 수화열 | KS L 5121 | | | | | | | | | | |
| 굳지 아니한 콘크리트 (레미콘포함) | 배합설계 | 콘크리트표준시방서 | 재료가 다른 각 배합마다 | M3 | 954 | 2 | 4 | 4 | | | | 시험실 |
| | 온도 | 온도계에 의함 | :150세제곱미터마다 | | | | | | | | | |
| | 슬럼프 또는 슬럼프플로 | KS F 2402 또는 KS F 2594 | 배합이 다를 때마다 콘크리트 1일 타설량이 150세제곱미터 미만인 경우 : 1일 타설량마다 콘크리트 1일 타설량이 150세제곱미터 이상인 경우 : 150세제곱미터마다 | | | | | | | | | |
| | 공기량 | KS F 2421 | | | | | | | | | | |
| | 염화물 함유량 | KS F 4009 부속서1 | | | | | | | | | | |
| | 단위수량 | | 필요시 | | | | | | | | | |
| 굳은 콘크리트 (레미콘포함) | 압축 강도 | KS F 2403, KS F 2405 | 배합이 다를 때마다 :1일 타설량마다 KS F 4009 또는 해당 공사시방서 | M3 | 954 | 2 | 2 | 2 | | | | 시험실 |
| | 휨 강도 | KS F 2408 | 배합이 다를 때마다 :1일 타설량마다 KS F 4009 또는 해당 공사시방서 | | | | | | | | | |
| 철근콘크리트용 봉강 (KS D 3504) | 화학성분 | KS D 3504 | 제조회사별 제품규격별 50톤마다 | TON | 27 | - | - | 1 | | | | |
| | 항복점 또는 항복강도 | | | | | | | | | | | |
| | 인장강도 | | | | | | | | | | | |
| | 연신율 | | | | | | | | | | | |
| | 굽힘성 | | | | | | | | | | | |
| | 겉모양, 치수, 무게 | | | | | | | | | | | |
| 철근 이음 | 겹침 위치 이음 이음길이 | 육안관찰 및 스케일에 의한 측정 | 가공 및 조립시 | TON | 27 | 4 | 15 | 15 | | | | 현장검측 |
| 열간 압연연강판 및 강대 (KS D 3501) | 겉모양, 치수, 무게 | KS D 3501 | 제조회사별 제품규격별 50톤마다 | M2 | 608 | - | - | 1 | | | | |
| | 화학성분 | | | | | | | | | | | |
| | 인장강도 | | | | | | | | | | | |
| | 연신율 | | | | | | | | | | | |
| | 굽힘성 | | | | | | | | | | | |

작성일시 : 2018년 05월 31일
작성자 소속 : LST조경수첩(주)
직 위 : 품질관리책임자
성 명 : 김 철 수 (인)

<그림2-27> 품질시험,검사성과 총괄표 샘플

## 04 안전업무

**산업안전보건법 관련**

## 1. 업무투입시 작성서류

### 1) 안전보건관리책임자선임 보고서 작성, 보관 (법 제13조)

○ 총공사금액(관급재료비 포함)20억원 이상인 건설공사는 사유발생 즉시 자체 내부적선임, 보관
  ☞ 과거에는 신고를 하였으나, 현재는 자체 선임 후 보관만 하면 됩니다.
○ 미이행시 300→400→ 500만원 과태료

### 2) 안전보건관리책임자 교육이수 (시행규칙 제39조)

○ 안전보건공단외 다수의 교육기관에서 이수
○ 신규교육 선임되거나, 채용된 후 3개월이내 이수
○ 신규교육을 이수한 후 매 2년이 되는 날을 기준으로 3개월 사이에 보수교육 이수

### 3) 관리감독자 교육 (법 제31~32조)

○ 년 16시간 이상
○ 미실시시 5만원→10만원→20만원 과태료

### 4) 안전기술지도 (법30조의2)

○ 공사금액 3억원이상 ~ 120억원 이하(「건설산업기본법 시행령」 별표 1에 따른 토목공사업에 속하는 공사의 경우에는 150억원 이하)
○ 『전기공사업법』에 따른 전기공사 및 『정보통신공사업법』에 따른 정보통신공사』는 1억원이상

### 5) 안전관리 계획서 작성 (필요시)

가. 안전관리 계획 수립기준(건설기술진흥법 제62조, 동법 시행령 제98~99조, 동법시행규칙 제58조)

## 6) 유해위험방지계획서 작성(필요시)

가. 산업안전보건법 시행규칙 제120조(대상 사업장의 종류등)

건설기술진흥법 제62조, 동법 시행령 제98~99조, 동법시행규칙 제58조

■ 건설기술진흥법 제62조, 동법 시행령 제98~99조, 동법시행규칙 제58조

제98조(안전관리계획의 수립) ① 법 제62조제1항에 따른 안전관리계획(이하 "안전관리계획"이라 한다)을 수립하여야 하는 건설공사는 다음 각 호와 같다. 이 경우 원자력시설공사는 제외하며, 해당 건설공사가 「산업안전보건법」 제48조에 따른 유해·위험 방지 계획을 수립하여야 하는 건설공사에 해당하는 경우에는 해당 계획과 안전관리계획을 통합하여 작성할 수 있다. <개정 2016. 1. 12., 2016. 5. 17., 2016. 8. 11., 2018. 1. 16.>
 1. 「시설물의 안전 및 유지관리에 관한 특별법」 제7조제1호 및 제2호에 따른 1종시설물 및 2종시설물의 건설공사(같은 법 제2조제11호에 따른 유지관리를 위한 건설공사는 제외한다)
 2. 지하 10미터 이상을 굴착하는 건설공사. 이 경우 굴착 깊이 산정 시 집수정(集水井), 엘리베이터 피트 및 정화조 등의 굴착 부분은 제외하며, 토지에 높낮이 차가 있는 경우 굴착 깊이의 산정방법은 「건축법 시행령」 제119조제2항을 따른다.
 3. 폭발물을 사용하는 건설공사로서 20미터 안에 시설물이 있거나 100미터 안에 사육하는 가축이 있어 해당 건설공사로 인한 영향을 받을 것이 예상되는 건설공사
 4. 10층 이상 16층 미만인 건축물의 건설공사
 4의2. 다음 각 목의 리모델링 또는 해체공사
  가. 10층 이상인 건축물의 리모델링 또는 해체공사
  나. 「주택법」 제2조제25호다목에 따른 수직증축형 리모델링
 5. 「건설기계관리법」 제3조에 따라 등록된 다음 각 목의 어느 하나에 해당하는 건설기계가 사용되는 건설공사
  가. 천공기(높이가 10미터 이상인 것만 해당한다)
  나. 항타 및 항발기
  다. 타워크레인
 5의2. 제101조의2제1항 각 호의 가설구조물을 사용하는 건설공사
 6. 제1호부터 제4호까지, 제4호의2, 제5호 및 제5호의2의 건설공사 외의 건설공사로서 다음 각 목의 어느 하나에 해당하는 공사
  가. 발주자가 안전관리가 특히 필요하다고 인정하는 건설공사
  나. 해당 지방자치단체의 조례로 정하는 건설공사 중에서 인·허가기관의 장이 안전관리가 특히 필요하다고 인정하는 건설공사

② 건설업자와 주택건설등록업자는 법 제62조제1항에 따라 안전관리계획을 수립하여 발주청 또는 인·허가기관의 장에게 제출하는 경우에는 미리 공사감독자 또는 건설사업관리기술자의 검토·확인을 받아야 하며, 건설공사를 착공하기 전에 발주청 또는 인·허가기관의 장에게 제출하여야 한다. 안전관리계획의 내용을 변경하는 경우에도 또한 같다. <개정 2015. 7. 6., 2016. 1. 12.>

③ 법 제62조제1항에 따라 안전관리계획을 제출받은 발주청 또는 인·허가기관의 장은 20일 이내에 안전관리계획의 내용을 심사하여 건설업자 또는 주택건설등록업자에게 그 결과를 통보하여야 한다. <개정 2016. 1. 12., 2017. 12. 29.>

④ 발주청 또는 인·허가기관의 장이 제3항에 따라 안전관리계획의 내용을 심사하는 경우에는 제100조제2항에 따른 건설안전점검기관에 검토를 의뢰하여야 한다. 다만, 「시설물의 안전 및 유지관리에 관한 특별법」 제7조제1호 및 제2호에 따른 1종시설물 및 2종시설물의 건설공사의 경우에는 한국시설안전공단에 안전관리계획의 검토를 의뢰하여야 한다. <개정 2016. 1. 12., 2017. 12. 29., 2018. 1. 16.>

⑤ 발주청 또는 인·허가기관의 장은 제3항에 따른 안전관리계획의 심사 결과를 다음 각 호의 구분에 따라 판정한 후 제1호 및 제2호의 경우에는 승인서(제2호의 경우에는 보완이 필요한 사유를 포함하여야 한다)를 건설업자 또는 주택건설등록업자에게 발급하여야 한다. <개정 2016. 1. 12.>
 1. 적정: 안전에 필요한 조치가 구체적이고 명료하게 계획되어 건설공사의 시공상 안전성이 충분히 확보되어 있다고 인정될 때
 2. 조건부 적정: 안전성 확보에 치명적인 영향을 미치지는 아니하지만 일부 보완이 필요하다고 인정될 때  3. 부적정: 시공 시 안전사고가 발생할 우려가 있거나 계획에 근본적인 결함이 있다고 인정될 때  ⑥ 발주청 또는 인·허가기관의 장은 건설업자 또는 주택건설등록업자가 제출한 안전관리계획서가 제5항제3호에 따른 부적정 판정을 받은 경우에는 안전관리계획의 변경 등 필요한 조치를 하여야 한다. <개정 2016. 1. 12.>

## ■ 안전관리 계획서 작성(포함내용)

안전관리계획의 수립기준(제58조 관련)

1. 안전관리계획
  가. 건설공사의 개요
    공사 전반에 대한 개략을 파악하기 위한 위치도, 공사개요, 전체 공정표 및 설계도서(해당 공사를 인가·허가 또는 승인한 행정기관 등에 이미 제출된 경우는 제외한다)
  나. 안전관리조직
    공사관리조직 및 임무에 관한 사항으로서 시설물의 시공안전 및 공사장 주변안전에 대한 점검·확인 등을 위한 관리조직표
  다. 공정별 안전점검계획
    자체안전점검, 정기안전점검의 시기·내용, 안전점검 공정표 등 실시계획 등에 관한 사항(계측장비 및 폐쇄회로 텔레비전 등 안전 모니터링 장비의 설치 및 운용계획을 포함한다)
  라. 공사장 주변 안전관리대책
    공사 중 지하매설물의 방호, 인접 시설물 및 지반의 보호 등 공사장 및 공사현장 주변에 대한 안전관리에 관한 사항
  마. 통행안전시설의 설치 및 교통소통계획
    공사장 주변의 교통소통대책, 교통안전시설물, 교통사고예방대책 등 교통안전관리에 관한 사항
  바. 안전관리비 집행계획
    안전관리비의 계상액, 산정명세, 사용계획 등에 관한 사항
  사. 안전교육계획
    안전교육계획표, 교육의 종류·내용 및 교육관리에 관한 사항
  아. 비상시 긴급조치계획
    공사현장에서의 비상사태에 대비한 비상연락망, 비상동원조직, 경보체제, 응급조치 및 복구 등에 관한 사항

2. 대상 시설물별 세부 안전관리계획(해당 공종 착공 전에 제출 가능)
  가. 가설공사
    1) 가설구조물의 설치개요 및 시공상세도면
    2) 안전시공 절차 및 주의사항
    3) 안전점검계획표 및 안전점검표
    4) 가설물 안전성 계산서
  나. 굴착공사 및 발파공사
    1) 굴착, 흙막이, 발파, 항타 등의 개요 및 시공상세도면
    2) 안전시공 절차 및 주의사항(지하매설물, 지하수위 변동 및 흐름, 되메우기 다짐 등에 관한 사항을 포함한다)
    3) 안전점검계획표 및 안전점검표
    4) 굴착 비탈면, 흙막이 등 안전성 계산서
  다. 콘크리트공사
    1) 거푸집, 동바리, 철근, 콘크리트 등 공사개요 및 시공상세도면
    2) 안전시공 절차 및 주의사항
    3) 안전점검계획표 및 안전점검표
    4) 동바리 등 안전성 계산서

| | |
|---|---|
| 라. 강구조물공사<br> 1) 자재·장비 등의 개요 및 시공상세도면<br> 2) 안전시공 절차 및 주의사항<br> 3) 안전점검계획표 및 안전점검표<br> 4) 강구조물의 안전성 계산서 | 바. 해체공사<br> 1) 구조물해체의 대상·공법 등의 개요 및 시공상세도면<br> 2) 해체순서, 안전시설 및 안전조치 등에 대한 계획 |
| 마. 성토 및 절토 공사(흙댐공사를 포함한다)<br> 1) 자재·장비 등의 개요 및 시공상세도면<br> 2) 안전시공 절차 및 주의사항<br> 3) 안전점검계획표 및 안전점검표<br> 4) 안전성 계산서 | 사. 건축설비공사<br> 1) 자재·장비 등의 개요 및 시공상세도면<br> 2) 안전시공 절차 및 주의사항<br> 3) 안전점검계획표 및 안전점검표<br> 4) 안전성 계산서 |

3. 그 밖에 건설공사의 안전 확보를 위하여 안전관리계획에 포함하여야 하는 세부 사항은 국토교통부장관이 정하여 고시할 수 있다.

■ 산업안전보건법 시행규칙 제120조(대상 사업장의 종류 등)]

산업안전보건법 시행규칙 제120조(대상 사업장의 종류 등)
 ① 법 제48조제2항에서 "고용노동부령으로 정하는 것"이란 다음 각 호의 어느 하나에 해당하는 기계·기구 및 설비를 말한다. 이 경우 제1호부터 제5호까지의 규정에 해당하는 기계·기구 및 설비의 구체적인 대상 범위는 고용노동부장관이 정하여 고시한다. <개정 2010. 7. 12.>

| | |
|---|---|
| 1. 금속이나 그 밖의 광물의 용해로<br>2. 화학설비<br>3. 건조설비 | 4. 가스집합 용접장치<br>5. 허가대상·관리대상 유해물질 및 분진작업 관련 설비 |

② 법 제48조제3항에서 "고용노동부령으로 정하는 공사"란 다음 각 호의 어느 하나에 해당하는 공사를 말한다. <개정 2010. 7. 12.>

| | |
|---|---|
| 1. 지상높이가 31미터 이상인 건축물 또는 인공구조물, 연면적 3만제곱미터 이상인 건축물 또는 연면적 5천제곱미터 이상의 문화 및 집회시설(전시장 및 동물원·식물원은 제외한다), 판매시설, 운수시설(고속철도의 역사 및 집배송시설은 제외한다), 종교시설, 의료시설 중 종합병원, 숙박시설 중 관광숙박시설, 지하도상가 또는 냉동·냉장창고시설의 건설·개조 또는 해체(이하 "건설등"이라 한다) | 2. 연면적 5천제곱미터 이상의 냉동·냉장창고시설의 설비공사 및 단열공사<br>3. 최대 지간길이가 50미터 이상인 교량 건설등 공사  4. 터널 건설등의 공사  5. 다목적댐, 발전용댐 및 저수용량 2천만톤 이상의 용수 전용 댐, 지방상수도 전용 댐 건설 등의 공사  6. 깊이 10미터 이상인 굴착공사 |

③ 법 제48조제3항에서 "고용노동부령으로 정하는 자격을 갖춘 자"란 다음 각 호의 어느 하나에 해당하는 사람을 말한다. <개정 2010. 7. 12.>

| | |
|---|---|
| 1. 건설안전 분야 산업안전지도사<br>2. 건설안전기술사 또는 토목·건축 분야 기술사 | 3. 건설안전산업기사 이상으로서 건설안전 관련 실무경력이 7년(기사는 5년) 이상인 사람 |

④ 법 제48조제3항에서 "착공"이란 유해·위험방지계획서 작성 대상 시설물 또는 구조물의 공사를 시작하는 것을 말한다. 이 경우 대지 정리 및 가설사무소 설치 등의 공사 준비기간은 착공으로 보지 아니한다.[전문개정 2009. 8. 7.]

## 2. 하도급업체 선정시

### 1) 관리감독자 임명 및 임명장 수여

○ 공종별 관리감독자에게 직무와 관련된 안전보건상의 업무를 수행하도록 하지 않은 경우
○ 미이행시 500만원→500만원→500만원 과태료

### 2) 관리감독자 교육

(1) 기계, 기구의 위험성과 작업의 순서 및 동선에 관한 사항.
(2) 작업 개시 전 점검에 관한 사항.
(3) 정리정돈 및 청소에 관한 사항.
(4) 사고 발생 시 긴급조치에 관한 사항.
(5) 산업보건 및 직업병 예방에 관한 사항.
(6) 물질안전보건자료에 관한 사항.
(7) 「산업안전보건법」 및 일반관리에 관한 사항.
(8) MSDS

신규채용자 안전보건교육 (산업안전대사전, 2004. 5. 10., 도서출판 골드)

## 3. 매일 업무

### 1) 안전체조, TBM(Tool Box Meeting) 실시

① 안전체조 : 매일 7시~8시 시행(열외자 없음)
② 당일 안전관련 전달사항 공지
③ TBM : 작업팀별 근로자들이 당해 작업내용에 잠재된 위험요소를 스스로 도출하고 인지하도록 하여 위험요인에 대한 주의력을 향상시켜 재해를 예장하기 위한 활동

### 2) 신규채용자 교육 및 기록관리 (법 제31~32조)

○ 신규채용자 안전교육 : 1시간이상
○ 기초안전보건교육이수자 면제· 안전교육 일지 비취
○ 명당 5만원→10만원→15만원과태료
○ 교육순서
  ① 신규채용자 안전서약 작성(10분)
    - 근로자 인적사항 기록
    - 신규채용자 외부 교육기관(건설업 기초안전보건교육)이수 확인
    - 개인보호구 수령 확인
    - 안전관리 서약서 서명
    - 근로자 건강 체크(개인지병 문진/혈압측정/혈액형 파악)
    - 개인정보 수집·이용 및 제공 동의서 서약
    - 물진안전보건자료(MSDS) 교육 및 서명
  ② 건설업 기초안전보건교육증, 주민등록증 복사(10분)
  ③ 신규채용자 안전보건교육(30~40분내외)

### 3) 안전보호구 지급대장 관리

○ 공종에 적합한 보호구지급 및 착용
○ 보호구 미착용 근로자 5→10→15만원 과태료
○ 보호구 미지급 사업주 5년이하 징역 또는 5,000만원 이하 벌금

## 4) 안전점검일지 작성(법 제13~15조 안전관계자의 임무)(법 제29조)

- 안전관계자는 각자의 임무에 따라 매일 안전점검 실시.
  - 당일 공지된 작업위험도 현장 확인 및 주의지시, 현장여건 개선
  - 기존 근로자의 건강상태 확인(고열, 기침, 음주여부등)_안전체조시간 1차 확인
  - 안전시설물 설치 상태 확인 및 점검
  - 주변환경 변화에 따른 안전 상태 확인
- 도급사업 수행시 도급인(원청)은 2일에 1회이상 안전점검 실시

## 5) 작업계획서 작성 및 보관

- 중량물취급 작업계획서
- 차량계건설기계 작업계획서
- 차량계 하역운반기계 작업계획서
- 2m이상 지반굴착 작업계획서
- 타워크레인 설치·조립 해체 작업계획서
- 건물등의 해체 작업계획서
- 높이 5m이상이거나 지간길이 30m이상인 교량의 설치·해체 또는 변경 작업계획서

> **TIP**
>
> 사고발생시 위험방지계획서와 작업계획서 유무를 철저히 검증하니, 현장에서 필히 작성하시고 관리 하시기 바랍니다.

## 6) 물질안전보건자료(MSDS) 자료 게시 및 비치, 교육 확인

○ 산업안전보건법 제41조, 시행규칙 제92조의2~11)
○ 다음사항을 게시한다.
  1. 물리·화학적 특성
  2. 독성에 관한 정보
  3. 폭발·화재 시의 대처 방법
  4. 응급조치 요령
  5. 그 밖에 고용노동부장관이 정하는 사항
○ 자료 다운로드 및 현장 비취( http://msds.kosha.or.kr/ )
○ 교육실시
  1. 새로운 대상화학물질을 취급시키고자 하는 경우
  2. 신규채용하여 대상화학물질 취급작업에 종사시키고자 하는 경우
  3. 작업전환하여 대상화학물질에 노출될 수 있는 작업에 종사시키려고 하는 경우
  4. 대상화학물질을 운반 또는 저장시키고자 하는 경우
  5. 기타 대상화학물질로 인한 사고발생의 우려가 있다고 판단되는 경우

## 4. 주간 업무

### 1) 특별/수시 안전교육(법31조)

○ 아래 표에 해당하는 작업 발생시 2시간이상
○ 명당 5만원→10만원→15만원 과태료
○ 교육대상
· 굴착면의 높이가 2미터 이상 되는 지반굴착작업
· 거푸집동바리의 조립 또는 해체작업
· 1콘이상의 크레인을 사용하는 작업
· 건설용 리프트, 골돌라를 이용한 작업
· 밀폐된 장소에서의 용접작업 또는 습한 장소에서의 전기용접작업
· LPG, 소소가스등 인화성, 폭발성가스의 발생장치 취급작업
· 밀폐공간작업
· 석면해체 제거작업
· 흙막이지보공의 보강 또는 동바리 설치 또는 해체작업
· 비계의 조립,해체 또는 변경작업
· 타워크레인 설치 해체작업
· 전압이 75볼츠 이상인 정전 및 활선작업
· 가스접합용접장치를 사용하여 금송의 용접, 융단 또는 가열작업
· 맨홀작업
· 허가 및 관리대상 유해물질 취급작업

### 2) 위험성평가 실시(법41조의2)

○ 관리감독자의 업무 내용으로 실시내용 및 결과를 기록·보존 한다.
○ 위험성평가 방법
　① 2주(또는 차주) 공정에 따른 위험성평가표 작성
　　- 안전보건공단 위험성 평가 지원시스템

(http://kras.kosha.or.kr/) 활용
② 주간공정회의시 위험성평가에 위험도 협의
   - 수급인(하청) 자기평가 위험도 체크
   - 작업위험도/ 안전시설물 배치/
     작업자 숙련도 파악등
③ 위험성평가에 따른 안전시설조치, 작업자 교육
④ 조치내용 사진촬영 기록보관
⑤ 차주 위험성평가표 작성

■ 위험성평가 FLOW

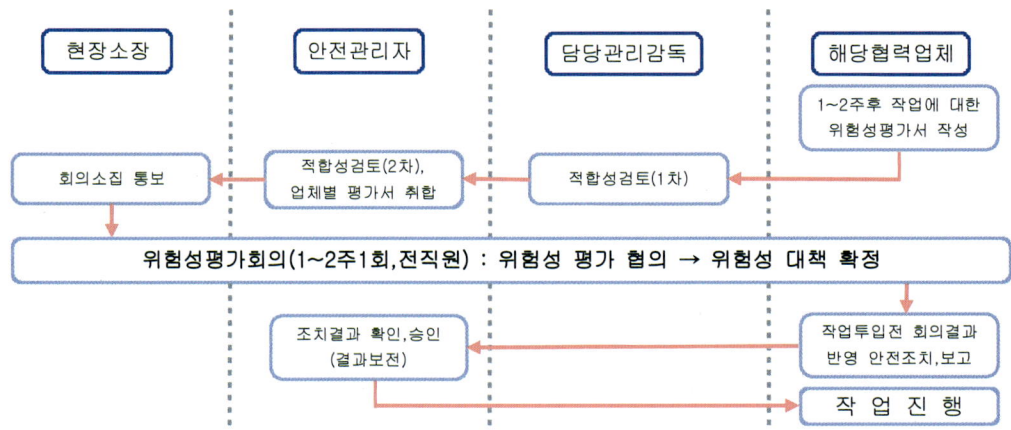

## 5. 월간 업무

### 1) 정기안전교육 (법 제31~32조)

○ 매월 2시간이상
○ 교육자 : 현장소장, 안전관리자, 관리감독자
○ 교육대상 : 전 근로자
○ 교육내용(위반시 : 회당  5만원→10만원→20만원 과태료)
  1) 산업안전보건법령에 관한 사항
  2) 작업공정의 유해 위험에 관한 사항
  3) 표준안전 작업방법에 관한 사항
  4) 현장 안전보건법 및 보호구 취급과 사용에 관한 사항
  5) 안전 보건점검 및 보호구 취급과 사용에 관한 사항
  6) 안전사고 사례 및 산업재해 예방대책에 관한 사항
  7) 제품 및 원재료의 취급방법에 관한 사항
  8) 안전보건 표지에 관한 사항
  9) 기타 안전보건 관리에 필요한 사항

### 2) 합동안전점검 (법 제31~32조)

○ 도급사업 수행시 도급인(원청)과 수급인(하청) 합동으로 2월에 1회이상 안전점검실시
○ 500만원 이하 벌금

### 3) 안전보건관리비 사용내역서 작성 및 제출

**가. 관계법령**

○ 산업안전보건법 제30조, 시행령 제26조의6, 시행규칙 제32조, 고용노통부고시 제2014-37호(2014.10.22)

**나. 적용대상**

○ 총공사금액이 4,000만원 이상인 건설공사는 안전보건관리비 계상 및 사용기준 고시 규정에 의하여 계상 및 사용 -1차~3차 각각 최고 1000만원 과태료(과태료부과기준 참조)
○ 단기계약에 의한 다음 공사는 총 계약금액 기준 적용
  - 전기공사업법에 의한 저압, 고압 또는 특별고압 전기공사

- 정보통신공사업법에 의한 지하맨홀, 관로 또는 통신주에서 작업하는 정보통신 설비공사

**다. 법칙금**

○ 목적외 1,000만원 미만사용시 : 목적외사용금액

○ 목적외 1,000만원 이상사용시 1차~3차각각 1000만원 과태료.

**라. 계상기준(대상금액=재료비+직접노무비+관급 또는 지급자재비)**

○ 대상금액 5억원 미만 또는 50억원 이상 : 대상액 x 비율

○ 대상금액 5억원 이상 ~ 50억원 미만 : 대상액 x 비율 + 기초액(5,349,000원)

○ 대상액이 구분되지 않은 공사 : 총공사금액(VAT포함)의 70% x 비율

| 대상금액<br>공사종류 | 5억원 미만 | 5억원 이상 50억원 미만 | | 50억원 이상 | 시행령 별표5에 따른 보건관리자 선임대상 건설공사 |
|---|---|---|---|---|---|
| | | 비율 | 기초액 | | |
| 일반건설공사(갑) | 2.93% | 1.86% | 5,349,000 | 1.97% | 2.15% |
| 일반건설공사(을) | 3.09% | 1.99% | 5,499,000 | 2.10% | 2.29% |
| 중건설공사 | 3.43% | 2.35% | 5,400,000 | 2.44% | 2.66% |
| 철도,궤도신설공사 | 2.45% | 1.57% | 4,411,000 | 1.66% | 1.81% |
| 특수 및 기타건설공사 | 1.85% | 1.20% | 3,250,000 | 1.27% | 1.38% |

※ 발주자가 재료를 제공할 때 해당 재료비를 포함하며, 포함시키지 않은 대상액 기준으로 계상한 안전관리비의 1.2배를 초과 할 수 없음

예) 일반건설공사(갑)을 40억에 관급공사로 낙찰받았을 경우
(재료비 20억 + 직접노무비 10억 + 관급자재비 5억)

① 관급자재가 포함된 계상금액
: ((20억+5억+10억) x 1.86%) + 5,349,000 = 70,449,000원

② 관급자재를 제외한 대상금액
: (((20억+10억) x 1.86%) + 5,349,000) x 1.2배 = 73,378,800원

안전관리비는 ① 또는 ② 중 작은금액(70,449,000원)으로 계상됨

설계변경시 참고 할 것

## 4) 안전협의체 구성 및 안전협의회개최(법 제29조)

- 공사의 일부를 도급에 의하여 수행시 안전협의체 구성 및 월 1회이상 안전협의회 개최
- 500만원 이하 벌금
- 안전협의체 회의록 작성

## 5) 건강진단 실시(법 제43조)

- 근로자 건강진단실시(일반, 특수, 배치전, 수시, 임시건강진단 중 해당자만 실시)
- 미실시 사업주는 명당 5만원→10만원→15만원 과태료
- 건강진단 실시 결과표 비취

## 6) 산업안전보건 위원회 개최(법 제19조)

- 공사금액 120억원 이상(「건설산업기본법 시행령」 별표 1에 따른 토목공사업에 해당하는 공사의 경우에는 150억원 이상) 실시, 3개월마다 실시
- 과대료 : 50만원→250만원→500만원
- ※ 참고 : [제일건설안전기술(주)] 산업안전보건법 일반사항 안내자료)

## 7) 정기안전검사

- 관련법령: 건설기술진흥법 제62조, 시행령100조, 시행규칙 제59조, 건설공사 안전관리 업무수행 지침
- 시행 2018. 8. 27. / 국토교통부고시 제2018-532호, 2018. 8. 27., 일부개정]

> 제3조(적용범위) 이 지침은 법 제62조제1항에 따라 안전관리계획을 수립하는 건설공사에 적용한다. 다만, 제2장 제1절과 제2절에 따른 발주자와 설계자의 안전관리업무는 영 제75조의2에 따라 발주청이 설계의 안전성 검토를 실시하는 건설공사에 대해서만 적용한다.

- 다음장 별표1 건설공사별 정기안전점검 실시시기 참조

## [별표 1] 건설공사별 정기안전점검 실시시기

| 건설공사 종류 | | 정기안전점검 점검차수별 점검시기 | | | | |
|---|---|---|---|---|---|---|
| | | 1차 | 2차 | 3차 | 4차 | 5차 |
| 교량 | | 가시설공사 및 기초공사 시공시 (콘크리트 타설전) | 하부공사 시공시 | 상부공사시공시 | - | - |
| 터널 | | 갱구 및 수직구 굴착 등 터널굴착 초기단계 시공시 | 터널굴착 중기단계 시공시 | 터널 라이닝 콘크리트 치기 중간단계 시공시 | - | - |
| 댐 | 콘크리트댐 | 유수전환시설공사 시공시 | 굴착 및 기초공사 시공시 | 댐 축조공사 시공시(하상 기초 완료 후) | 댐 축조공사 중기단계 시공시 | 댐 축조공사 말기단계 시공시 |
| | 필댐 | 유수전환시설공사 시공시 | 굴착 및 기초공사 시공시 | 댐 축조공사 초기단계 시공시 | 댐 축조공사 중기단계 시공시 | 댐 축조공사 말기단계 시공시 |
| 하천 | 수문 | 가시설공사 완료시 (기초 및 철근콘크리트공사 시공전) | 되메우기 및 호안공사 시공시 | - | - | - |
| | 제방 | 하천바닥 파기, 누수방지, 연약지반 보강, 기초처리공사 완료시 | 본체 및 비탈면 흙쌓기 공사 시공시 | - | - | - |
| 하구둑 | | 배수갑문 공사중 | 제체 공사중 | - | - | - |
| 상하수도 | 취수시설, 정수장,취수 가압펌프장, 하수처리장 | 가시설공사 및 기초공사 시공시 (콘크리트 타설전) | 구조체공사 초·중기단계 시공시 | 구조체공사 말기단계 시공시 | - | - |
| | 상수도 관로 | 총공정의 초·중기단계 시공시 | 총공정의 말기단계 시공시 | - | - | - |

| | | | | | | |
|---|---|---|---|---|---|---|
| 항만 | 계류시설 | 기초공사 및 사석공사 시공시 | 제작 및 거치공사, 항타공사 시공시 | 철근콘크리트 공사 시공시 | 속채움 및 뒷채움공사, 매립공사 시공시 | - |
| | 외곽시설 (갑문,방파제,호안) | 가시설공사 및 기초공사, 사석공사 시공시 | 제작 및 거치공사 시공시 | 철근콘크리트 공사 시공시 | 속채움 및 뒷채움공사 시공시 | - |
| 건축물 | 건축물 | 기초공사 시공시 (콘크리트 타설전) | 구조체공사 초·중기단계 시공시 | 구조체공사 말기단계 시공시 | - | - |
| | 리모델링 또는 해체공사 | 총공정의 초·중기단계 시공시 | 총공정의 말기단계 시공시 | - | - | - |
| 폐기물 매립시설 | | 토공사 시공시 | 총공정의 중기 단계 시공시 | 총공정의 말기단계 시공시 | - | - |
| 지하차도,지하상가, 복개 구조물 | | 토공사 시공시 | 총공정의 중기단계 시공시 | 총공정의 말기단계 시공시 | - | - |
| 도로·철도·항만 또는 건축물의 부대시설 | 옹벽 | 가시설공사 및 기초공사 시공시(콘크리트 타설전) | 구조체공사 시공시 | - | - | - |
| | 절토사면 | 발파 및 굴착 시공시 | 비탈면 보호공 시공시 | - | - | - |
| 10미터이상 굴착하는 건설공사 | | 가시설공사 및 기초공사 시공시 (콘크리트 타설전) | 되메우기 완료후 | - | - | - |
| 폭발물을 사용하는 건설공사 | | 총공정의 초·중기단계 시공시 | 총공정의 말기단계 시공시 | - | - | - |

※ [별표 1]에서 정의하고 있는 건설공사 종류 이외의 안전관리계획 수립대상 건설공사의 정기안전점검은 시공자가 정기안전점검 차수별 점검시기를 정하여 건설사업관리기술자의 확인·검토를 득한 후 발주자의 승인을 받아 시행한다. 이때 점검차수는 최소 2회 이상 실시하여야 한다.

■ 산업안전보건법 시행규칙 [별표 4] <개정 2023. 9. 27.>

안전보건교육 교육과정별 교육시간(제26조제1항 등 관련)

1. 근로자 안전보건교육(제26조제1항, 제28조제1항 관련)

| 교육과정 | 교육대상 | | 교육시간 |
|---|---|---|---|
| 가. 정기교육 | 1) 사무직 종사 근로자 | | 매반기 6시간 이상 |
| | 2) 그 밖의 근로자<br>나) 판매업무에 직접 종사하는 근로자 외의 근로자 | 가) 판매업무에 직접 종사하는 근로자 | 매반기 6시간 이상 |
| | | 매반기 12시간 이상 | |
| 나. 채용 시 교육 | 1) 일용근로자 및 근로계약기간이 1주일 이하인 기간제근로자 | | 1시간 이상 |
| | 2) 근로계약기간이 1주일 초과 1개월 이하인 기간제근로자 | | 4시간 이상 |
| | 3) 그 밖의 근로자 | | 8시간 이상 |
| 다. 작업내용 변경 시 교육 | 1) 일용근로자 및 근로계약기간이 1주일 이하인 기간제근로자 | | 1시간 이상 |
| | 2) 그 밖의 근로자 | | 2시간 이상 |

| | | |
|---|---|---|
| 라. 특별교육 | 1) 일용근로자 및 근로계약기간이 1주일 이하인 기간제근로자: 별표 5 제1호라목(제39호는 제외한다)에 해당하는 작업에 종사하는 근로자에 한정한다. | 2시간 이상 |
| | 2) 일용근로자 및 근로계약기간이 1주일 이하인 기간제근로자: 별표 5 제1호라목제39호에 해당하는 작업에 종사하는 근로자에 한정한다. | 8시간 이상 |
| | 3) 일용근로자 및 근로계약기간이 1주일 이하인 기간제근로자를 제외한 근로자: 별표 5 제1호라목에 해당하는 작업에 종사하는 근로자에 한정한다. | 가) 16시간 이상(최초 작업에 종사하기 전 4시간 이상 실시하고 12시간은 3개월 이내에서 분할하여 실시 가능)<br>나) 단기간 작업 또는 간헐적 작업인 경우에는 2시간 이상 |
| 마. 건설업 기초안전·보건교육 | 건설 일용근로자 | 4시간 이상 |

비고
 1. 위 표의 적용을 받는 "일용근로자"란 근로계약을 1일 단위로 체결하고 그 날의 근로가 끝나면 근로관계가 종료되어 계속 고용이 보장되지 않는 근로자를 말한다.
 2. 일용근로자가 위 표의 나목 또는 라목에 따른 교육을 받은 날 이후 1주일 동안 같은 사업장에서 같은 업무의 일용근로자로 다시 종사하는 경우에는 이미 받은 위 표의 나목 또는 라목에 따른 교육을 면제한다.
 3. 다음 각 목의 어느 하나에 해당하는 경우는 위 표의 가목부터 라목까지의 규정에도 불구하고 해당 교육과정별 교육시간의 2분의 1 이상을 그 교육시간으로 한다.
  가. 영 별표 1 제1호에 따른 사업
  나. 상시근로자 50명 미만의 도매업, 숙박 및 음식점업
 4. 근로자가 다음 각 목의 어느 하나에 해당하는 안전교육을 받은 경우에는 그 시간만큼 위 표의 가목에 따른 해당 반기의 정기교육을 받은 것으로 본다.
  가. 「원자력안전법 시행령」 제148조제1항에 따른 방사선작업종사자 정기교육
  나. 「항만안전특별법 시행령」 제5조제1항제2호에 따른 정기안전교육
  다. 「화학물질관리법 시행규칙」 제37조제4항에 따른 유해화학물질 안전교육
 5. 근로자가 「항만안전특별법 시행령」 제5조제1항제1호에 따른 신규안전교육을 받은 때에는 그 시간만큼 위 표의 나목에 따른 채용 시 교육을 받은 것으로 본다.
 6. 방사선 업무에 관계되는 작업에 종사하는 근로자가 「원자력안전법 시행규칙」 제138조제1항제2호에 따른 방사선작업종사자 신규교육 중 직장교육을 받은 때에는 그 시간만큼 위 표의 라목에 따른 특별교육 중 별표 5 제1호라목의 33.란에 따른 특별교육을 받은 것으로 본다.

### 1의2. 관리감독자 안전보건교육(제26조제1항 관련)

| 교육과정 | 교육시간 |
|---|---|
| 가. 정기교육 | 연간 16시간 이상 |
| 나. 채용 시 교육 | 8시간 이상 |
| 다. 작업내용 변경 시 교육 | 2시간 이상 |
| 라. 특별교육 | 16시간 이상(최초 작업에 종사하기 전 4시간 이상 실시하고, 12시간은 3개월 이내에서 분할하여 실시 가능) |
| 단기간 작업 또는 간헐적 작업인 경우에는 2시간 이상 | |

### 2. 안전보건관리책임자 등에 대한 교육(제29조제2항 관련)

| 교육대상 | 교육시간 | |
|---|---|---|
| | 신규교육 | 보수교육 |
| 가. 안전보건관리책임자 | 6시간 이상 | |
| 나. 안전관리자, 안전관리전문기관의 종사자 | 24시간 이상 | |
| 다. 보건관리자, 보건관리전문기관의 종사자 | 24시간 이상 | |
| 라. 건설재해예방전문지도기관의 종사자 | 24시간 이상 | |
| 마. 석면조사기관의 종사자 | 24시간 이상 | |
| 바. 안전보건관리담당자 | 8시간 이상 | |
| 사. 안전검사기관, 자율안전검사기관의 종사자 | 24시간 이상 | |

### 3. 특수형태근로종사자에 대한 안전보건교육(제95조제1항 관련)

| 교육과정 | 교육시간 |
|---|---|
| 가. 최초 노무제공 시 교육 | 2시간 이상(단기간 작업 또는 간헐적 작업에 노무를 제공하는 경우에는 1시간 이상 실시하고, 특별교육을 실시한 경우는 면제) |
| 나. 특별교육 | 16시간 이상(최초 작업에 종사하기 전 4시간 이상 실시하고 12시간은 3개월 이내에서 분할하여 실시가능) |
| 단기간 작업 또는 간헐적 작업인 경우에는 2시간 이상 | |

비고: 영 제67조제13호라목에 해당하는 사람이 「화학물질관리법」 제33조제1항에 따른 유해화학물질 안전교육을 받은 경우에는 그 시간만큼 가목에 따른 최초 노무제공 시 교육을 실시하지 않을 수 있다.

4. 검사원 성능검사 교육(제131조제2항 관련)

| 교육과정 | 교육대상 | 교육시간 |
|---|---|---|
| 성능검사 교육 | - | 28시간 이상 |

## 6. 사고보고(위험상황 발생시)

○ 근로자가 업무수행 중에 재해로 요양을 필요로 하는 사고가 발생한 때에는 당해 근로자에게 산재보험 급여 청구권이 발생되는 기초자료가 되는 재해보고를 말하며, 재해의 원인, 내용 및 재해를 입은 근로자에 관한 사항을 보고하고 있다.

○ 사업주는 <u>사망자 또는 3일 이상의 요양을 요하는 부상을 입거나 질병에 걸린 자가 발생한 때</u>에는 산업안전보건법 제10조 제1항의 규정에 의하여 산업재해가 <u>발생한 날로부터 1개월 이내</u>에 산업재해조사표를 작성하여 관할 지방노동관서의 장에게 제출하는 것을 발한다. 다만, 산업재해보상보험법 시행령 제29조의 규정에 의하여 요양신청서를 근로복지공단에 제출한 경우에는 그러하지 아니한다.

○ 사업주는 중대재해, 즉 첫째 <u>사망자가 1인 이상 발생한 재해</u>, 둘째 <u>3일 이상의 요양을 요하는 부상자가 동시에 2인 이상 발생한 재해</u>, 셋째 <u>부상자 또는 직업성 질병자가 동시에 10인 이상 발생한 재해</u>가 발생한 때에는 산업안전보건법 제10조 제1항의 규정에 의하여 <u>24시간 이내</u>에 다음 각 호의 사항을 관할 지방노동관서의 장에게 전화, 모사전송(FAX), 기타 적절한 방법에 의하여 보고하여야 한다. (1) 발생개요 및 피해상황 (2) 조치 및 전망 (3) 기타 중요한 사항

*.산업재해발생보고(산업안전대사전, 2004. 5. 10., 도서출판 골드) 참조

○ 사고보고 절차

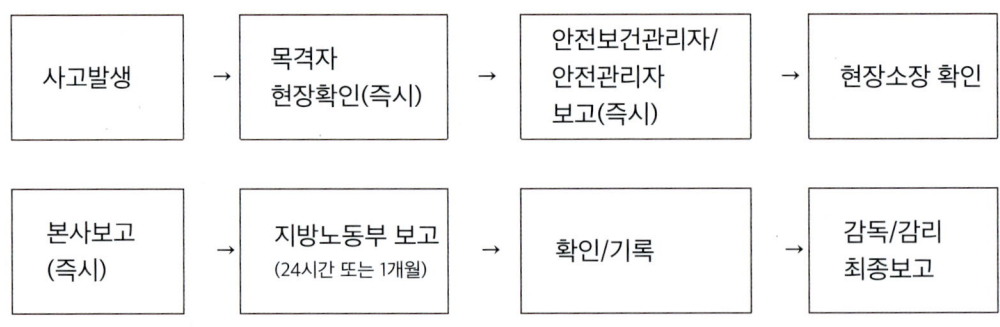

○ **비상사태 대책반 구성표**

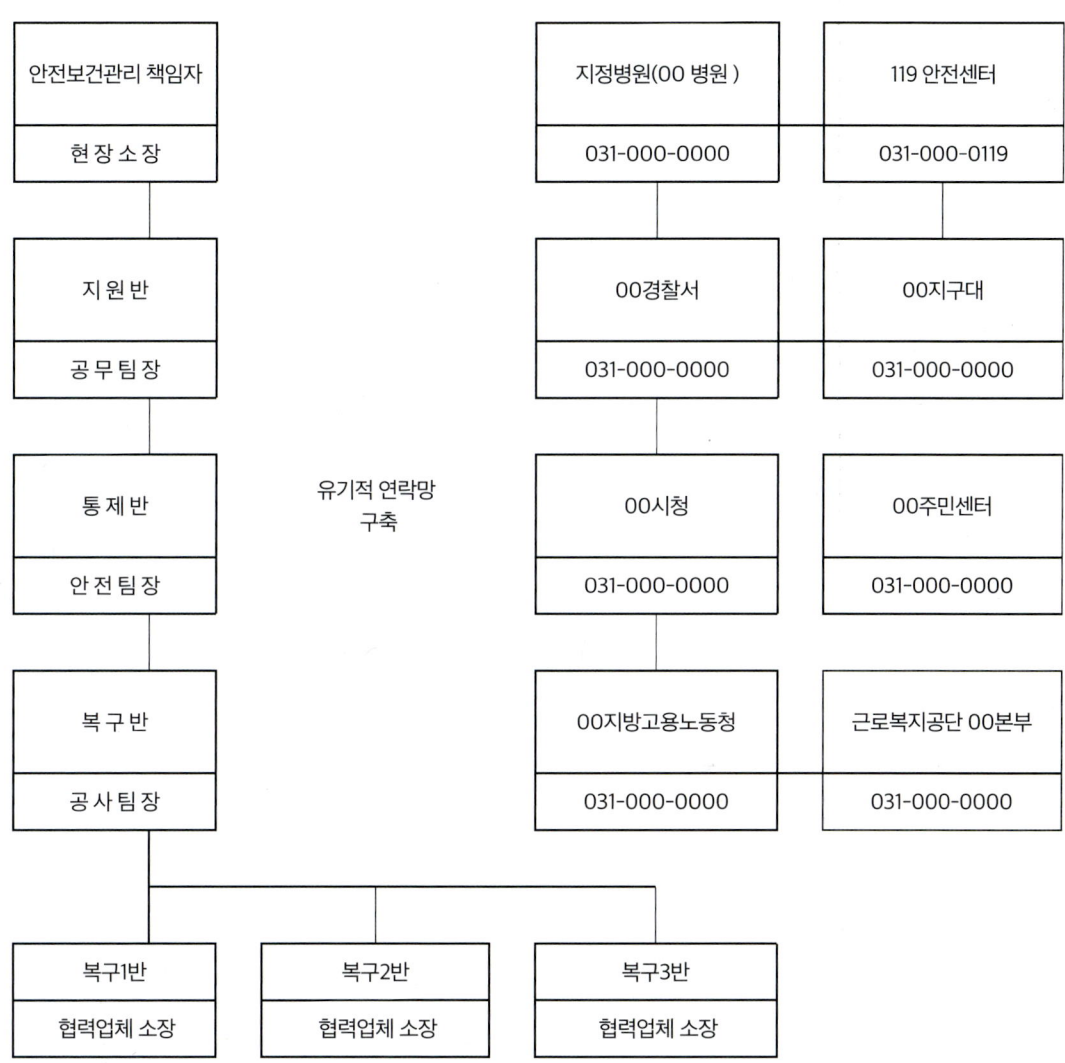

# 공사진행단계

## ○ 비상연락체계

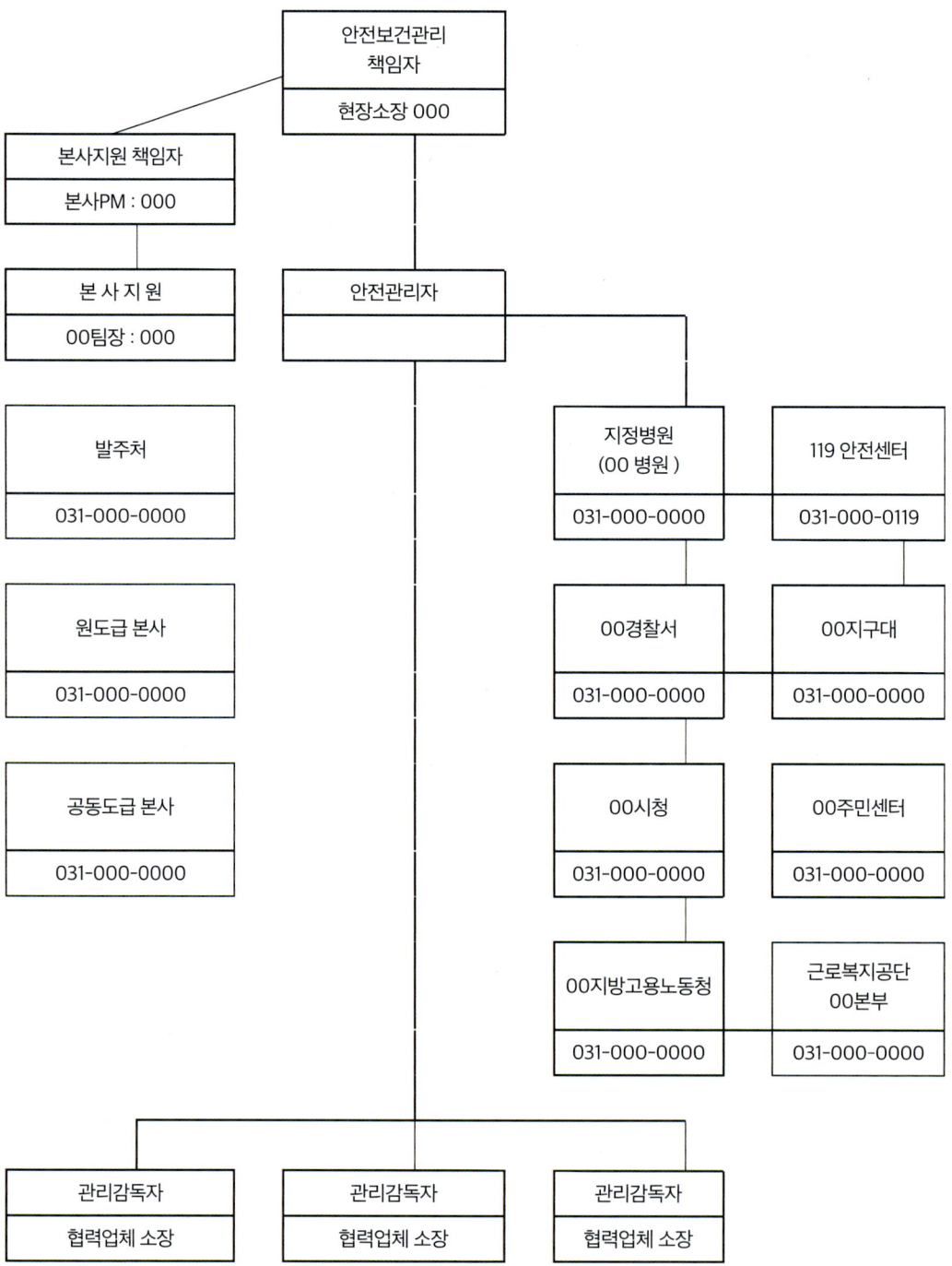

## ○ 중대재해 발생시 즉시 대응요령

| 현장소장 | ① 상황파악<br>② 감독원/본사 상황발생 보고(유선)<br>③ 상황발생 현장이동<br>④ 상황진행 파악 총괄 지휘<br>⑤ 응급조치완료 후 사무실 이동<br>⑥ 감독원 / 본사 수시보고 |
|---|---|
| 안전팀장 | ① 상황발생 보고(현장소장)<br>② 상황발생 현장 이동<br>③ 상황파악 및 응급조치 (환자이송등)<br>④ 상황보고(현장소장)<br>⑤ 현장응급조치 완료<br>⑥ 현장사무실 이동<br>⑦ 상황파악 및 조치<br>⑧ 중대제해 발생시 지방노동청, 경찰서 신고(상황별) |
| 공무팀장 | ① 유선대기<br>② 목격자 진술서 확보<br>③ 발생현황 취합<br>④ 현황 수시보고(현장소장) |
| 공사팀장 | ① 상황발생 현장 이동<br>② 응급조치<br>③ 현장보전 / 사진촬영 / 주변통제<br>④ 목격자 확보 및 사무실 이동지시 (공무팀장 인계)<br>⑤ 작업중지 및 잔여작업자 퇴근유도 |
| 공사팀원 | ① 상황발생 현장 이동<br>② 응급조치<br>③ 병원이동<br>④ 수시보고(공무팀장) |
| 협력업체소장 | ① 상황발생 현장 이동<br>② 응급조치<br>③ 병원이동<br>④ 사고자 인적사항, 가족관계, 지병유무 파악(녹취)<br>⑤ 상황보고(공사팀원)<br>⑥ 가족통화 및 상황전달 |

## 05 환경업무

## 1. 업무투입시 작성서류

### 1) 환경관리계획서

※ 환경관리계획서는 발주처 요구에 의해 필요시 작성
 (통상적으로는 품질관리계획서 제출현장은 같이 제출함)

### 2) 관련법령

○ 건설기술진흥법 제66조(건설공사의 환경관리)
○ 건설기술진흥법 시행규칙 제61조(환경관리비의 산출등)
○ 건설기술진흥법 시행규칙 별표8 환경관리비 세부산출기준

## 2. 월간 업무

### 1) 환경관리비 사용내역서 작성 및 제출

○ 정산항목
  - 환경관리비는 환경시설치(분진망,세륜기,오탁방지망,분리수거함등) 운용에 따른 경비
 - 환경개측기 활용 경비
 - 환경자료 및 홍보물 구입 경비
 - 환경진단 인건비용
 - 환경교육에 필요한 비용
○ 비정산항목
 - 청소용도구 구입(빗자루,쓰레받이,청소기,쓰레기봉투,마대등)
 - 현장청소인원 인건비
 - 폐기물 처리비
 - 일반용 부직포

## 06 자금관리 업무 이해하기

## 1. 자금관리관련 용어

### 1) 매입

○ 판매를 위한 상품 또는 제품 제조에 요하는 원재료, 저장품 등을 구입하는 것을 말한다. 매입은 기업의 영업활동으로서 판매·제조의 활동과 같이 가장 주요한 대외적 활동이다. 또 매입계정은 상품계정을 분할한 때 상품의 매입에 관한 일체의 거래사항을 기록하는 것으로서 순 매입액의 산출이 그 주된 목적이다.
[네이버 지식백과] 매입 [purchase] (회계·세무 용어사전, 2006. 8. 25.)

○ 쉽게 설명해 자재구매, 노무비/외주비/장비비/기타 관리경비 집행등 공사진행을 위해 즉 영업활동을 위해 지출된 경비를 의미한다.

### 2) 매출

○ 기업이 그 영업의 목적으로 하는 상품 등의 판매 또는 용역의 제공을 행하고 대가를 받음으로써 실현되는 수익(收益)을 말한다. 매출액은 기업의 주된 영업활동에서 발생한 제품, 상품, 용역 등의 총매출액에서 매출할인, 매출환입, 매출에누리 등을 차감한 금액이며 차감대상금액이 중요한 경우에는 총매출액에서 차감하는 형식으로 표시하거나 주석으로 기재한다. 또한 매출액은 업종별이나 부문별로 구분하여 표시할 수 있으며, 반제품매출액, 부산물매출액, 작업폐물매출액, 수출액, 장기할부매출액 등이 중요한 경우에는 이를 구분하여 표시하거나 주석으로 기재한다.
[네이버 지식백과] 매출 [sales, 賣出] ((주)영화조세통람)

○ 쉽게 설명해 공사진행 후 발주처 또는 수급사에 받는 돈을 의미한다.

### 3) 부가세

○ 조세의 부과에 있어서 과세표준·세액 등을 관청이 직접 결정하는 것은 부과징수조세(관액부과세)이고, 납세의무자의 신고로써 관청이 결정하는 것은 평가부과세(신고과세)이다. 과세표준의 결정은 경제가 충

분히 발달을 하지 않았을 때는 재산상황의 파악이 용이하지만, 경제가 발달한 시대에는 재산의 내용이 복잡하고 변동이 많아서 관청의 힘만으로는 파악하기 곤란하므로, 조세부과상 필요 사항을 납세의무자에게 신고하도록 하여 관청의 조사와 아울러 과세표준을 결정, 부과한다.
[네이버 지식백과] 평가부과세·부과징수조세 [評價賦課稅·賦課徵收租稅] (회계·세무 용어사전, 2006. 8. 25.)

○ 쉽게 설명해 어떤 물건을 사면 우리나라는 10%의 부과세를 매겨 국가에 일정기일에 납부토록 함(전문건설을 1분기마다 1회, 종합건설은 반기마다 1회)

○ 이 부과세는 매입, 매출에 따라 차액을 납부하도록 하고 있음
예를 들어 ① 매입에 따른 부과세를 100만원 지출하였고, 매출로 인한 부과세가 120만원 받았다면 20만원만 납부하면됨. ② 매입에 따른 부과새를 100만원 지출하였고, 매출로 인한 부과세를 80만원 받았다면, 20만원을 돌려받게됨.

## 4) 면세 사업장

○ 면세란, 세금이 없거나, 일부 낮쳐주는 것을 위미함.
○ 건설업에서 면세사업장은 국민주택 65m2이하, 공공임대주택등 정책에 따라 그 범위가 틀리게 적용됨.

## 5) 매입세

○ 면세사업장일 경우 시공사는 물건을 사오기 위해 부과세 10%를 주고 구입을 해오지만, 발주청에 면세율에 따라 차등해서 부과세를 받음으로 인한 차이로 인해, 이 차이금액을 해소하기 위해 매입세(10%-면세율=매입세)를 지급하도록 하고 있음

## 2. 재무재표 이해하기

### 1) 재무재표

<그림2-30,31>

[네이버 지식백과] 재무제표 보는 법을 익혀라 (합법적으로 세금 안 내는 110가지 방법 : 기업편, 2014. 1. 5., 아라크네)

○ 재무재표만 설명을 해도 책한권 이상이 되므로 생략 하겠음

○ 회사의 규모에 따라 틀리지만 현장소장은 연말 매입, 매출등에 따라 기성을 얼마 올려라, 매입(업체기성)을 얼마로 맞쳐라등을 요구받음, 그 이유는 회사의 제무재표를 연말에 맞추는데, 그에 따라 회사의 신용도, 대출금등 여가가지 문제가 되어 영업활동에 지장을 초래하기 때문입니다.

# 07 협력업체 이해하기

## 1. 하도급계약

### 1) 하도급 계약관리

○ 하도급 계약은 공정거래위원회에 개시되어 있는 하도급계약 표준양식을 사용합니다.

○ 하도급 내역서는 크게 두가지고 구분하여 계약할 수 있습니다.

| 구 분 | 장 점 | 단 점 |
|---|---|---|
| 하도급 입찰 단가에 의한 계약 | 도급 설계변경시 하도급과 금액 차액으로 인한 분쟁의 소지가 없음<br>품목에 따라 도급대비 비율이 틀리므로 원가절감의 방법 강구 용이 | 설계변경시 품목에 대한 하도급 협의필요<br>대발주처 상대시 원가율을 계산해야 하기 때문에 기민한 대처가 불가함 |
| 하도급 낙찰가에 따른 도급내역서 비율 계약 | 설계변경시 도급의 증감과 하도급의 증감이 같으므로 원가관리에 유리<br>대발주처 상대시 기민한 대응가능 | 하도급 법적 소송시 도급사의 강요에 의한 계약으로 불공정거래에 해당할 수 있음<br>설계변경시 품목에 대한 하도급 협의필요 |

### 2) 하도급보증서 관리

**가. 보증서 종류**

○ 계약보증서 : 계약 미이행에 따른 손해를 보전하기 위해 제출합니다.

○ 선급금보증서 : 선급금 수령시 보증서를 제출합니다.

○ 하자보증서 : 준공금 수령시 하자보수에 대한 보증서를 제출합니다.

**나. 보증사고 발생 요건**

○ 계약보증서 : 계약 미이행에 따른 손해를 보전발생시

○ 선급금보증서 : 선금을 지급받고 지급계획에 의한 사용 지연 또는 업체의 연락두절, 부도등의 사유 발생시

○ 하자보증서 : 공정별 정해진 하자보수 기간내 발생한 하자에 대해 보수의무가 있으나, 이를 이행하지 않을시

### 다. 보증청구 절차

건설현장 보증사는 통상 전문건설공제조합, 서울보증보험, 건설공제조합의 3개사고
구성되며각 보증사별 사고접수 및 처리가
상이하므로 해당 싸이트를 참조하여 업무를 진행하시기 바랍니다.

## 2. 하도급 대금 관리

○ 대다수의 도급사는 하도급 미지급금액 관리를 위해 하도급 대금집행 금액을
   파악합니다.(현장설명서에 명시)

○ 노무비 구분관리로 인해 노무비 미지급금은 많이 양호해 졌지만,
   장비,자재,식대,주유소등의 미불은 심각한 편입니다.

○ 장비사용금에 대해 법적으로 건설기계 대여대금 지급보증보험을 들도록 되어 있으나,
   아직 활용도가 미진한 것이 사실입니다.(200만원이상 사용시 보험 의무가입, 미가입시
   행정처분)

○ 현장 운영에 있어 하도급 지급여부를 수시로 확인하고, 관리하여야 됩니다.

## 3. 하도급 간접비 정산 꿀팁

### ○ 모두가 알고 있는 사실

**[하도급 간접비 정산받는 방법]**
1. 현장 하도급 계약체결
2. 국민건강보험공단 개별사업장 신고
3. 투입인원에 대해 건강,연금,노인장기 보험료 납부
4. 기성청구시 증빙제출

**[문제점]**
1. 일용근로자 및 작업반장은 개별 건강,연금,노인장기 납부시 급여액 감소로 개인 일당

단가를 낮추거나 작업일수 조정 해줄 것을 요구함. 이에 일용근로자에 대한 간접비 정산은 거의 이루어지지 않고 있는 실정임.

## ○ 일부가 시행하는 정산 방법(법의허점을 이용하여 정산받기)

1. 간접비는 개별사업자 신고를 통해 개별사업장으로 납부된 확인서(국민건강보험공단 발행)로 갈음됨.
2. 하도급업체 현장 직원을 개별사업장으로 납부하면 간접비 정산을 받을 수 있음.(법의허점)
3. 근거는 [정부 입찰계약 집행기준 제17장 제94조 3항2에 의해"다만, 해당 사업장단위로 보험료를 별도 분리하여 납부한 경우에는 제1호를 준용한다"]
4. 개별사업장단위로 납부된 보험료에 대해 확인 의무는 없음.
5. 하도급 현장대리인 역시 조달청 질의에 의해 원도급업체 현장대리인은 간접노무비 대상이지만 하도급 업체 현장대리인은 직접노무비 대상으로 정산을 받을 수 있음.

※ LST조경수첩 카페 참조

여기서 잠깐

## ▶ 토목공사 진행순서(단지조성에 따른 우수/오수/상수공사)

1. 우수공사

<그림9-86> 부지정리

<그림9-87> 벌목/제근/폐기물 처리

<그림9-88> 터파기 및 맨홀 설치

<그림9-89> 거푸집 설치/다짐

<그림9-90> 기초 콘크리트 타설

<그림9-91> 우수관 배관

<그림9-92> 보강 콘크리트 타설

<그림9-92> 연결부 보강작업

<그림9-93> 되메우기/다짐

<그림9-94> 관매설 표시띠 설치

<그림9-95> 되메우기/다짐

<그림9-96> 간선관 매설

<그림9-97> 간선관 연결부 보강작업

<그림9-98> 안전을 위한 발판고정

<그림9-99> 맨홀 뚜껑 설치/앙카고정

<그림9-100> 맨홀뚜껑 주변 보강

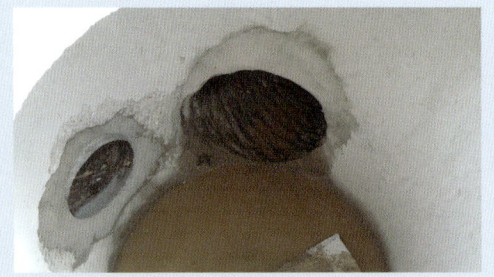
<그림9-101> 맨홀뚜껑 내부 보강

<그림9-102> 내부 사다리 설치

## 2. 오수공사

<그림9-103> 터파기 및 맨홀설치

<그림9-104> 오수관 설치

<그림9-105> 거푸집 설치

<그림9-106> 거푸집 고정

<그림9-107> 보강 콘크리트 타설

<그림9-108> 되메우기 및 표시띠설치

<그림9-109> 상부 되메우기

<그림9-110> 안전을 위한 발판고정

<그림9-111> 맨홀 뚜껑 설치

<그림9-112> 맨홀뚜껑 주변 보강

<그림9-113> 맨홀뚜껑 내부 보강

<그림9-114> 내부 사다리 설치

## 3 상수공사

<그림9-115> 배관 터파기

<그림9-116> 배관매설

<그림9-117> 격점 보호콘크리트타설

<그림9-118> 제수변연결 및 계량기통설치

<그림9-119> 수압테스트

<그림9-120> 되메우기 및 표시테이프설치

# 04

## 준공
## 단계

1. 준공계
2. 인수인계

# 01 준공계

## 1. 준공계 제출 및 절차

※ 기성신청 절차와 동일합니다.

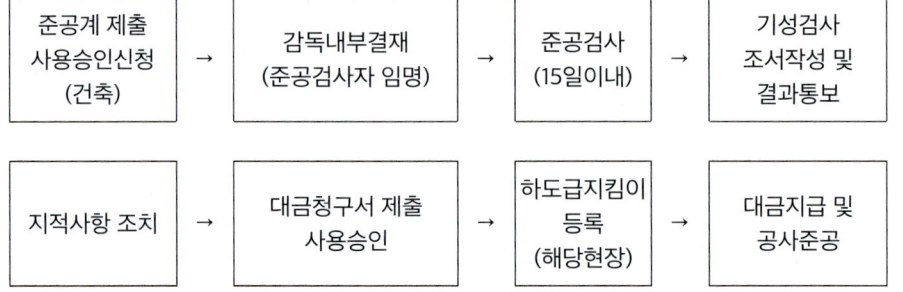

## 2. 준공서류

### 1) 준공공문    2) 준공계

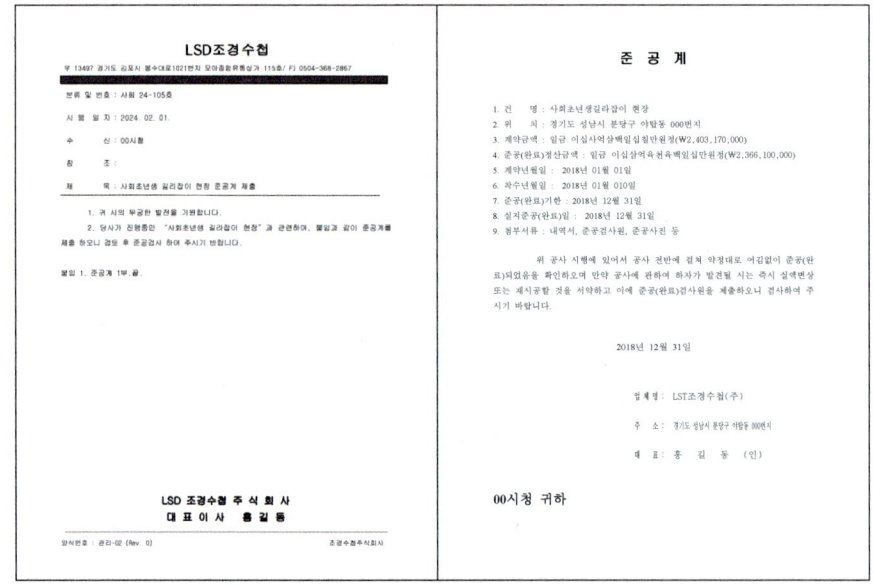

# 3) 준공정산내역서

**준공내역서 공사원가계산서 [건축+토목+조경+기계공사]**

공 사 명 : 사회초년생 길라잡이 조성공사

| 비 목 | | | 계약내역 | 준공정산내역 | 증 감 | 적용비율 | 비고 |
|---|---|---|---|---|---|---|---|
| 재료비 | 직접재료비 | | | | | | |
| | 소 계 | | | | | | |
| 노무비 | 직접노무비 | | | | | | |
| | 간접노무비 | | | | | 직접노무비 · 11.30% | |
| | 소 계 | | | | | | |
| 경비 | 운 반 비 | | | | | | |
| | 기계경비 | | | | | | |
| | 산재보험료 | | | | | 노무비 · 3.90% | |
| | 고용보험료 | | | | | 노무비 · 0.87% | |
| | 퇴직공제부금비 | | | | | 직접노무비 · 2.30% | |
| | 건강보험료 | | | | | 직접노무비 · 1.70% | |
| | 연금보험료 | | | | | 직접노무비 · 2.49% | |
| | 노인장기요양보험료 | | | | | 건강보험료 · 6.55% | |
| | 공사이행보증수수료 | | | | | | |
| | 건설하도급대금 지급보증서발급수수료 | | | | | (재료비+직접노무비+산출경비) · 0.081% | 5년대면평균가격 |
| | 건설기계대여금 지급보증서발급수수료 | | | | | (재료비+직접노무비+산출경비) · 0.072% | 8.41% |
| | 산업안전보건관리비 | | | | | | 1.86% |
| | 기 타 경 비 | | | | | (재료비+노무비) · 6.20% | |
| | 환경보전비 | | | | | (재료비+직접노무비+산출경비) · 0.50% | |
| | 소 계 | | | | | | |
| | 계 | | | | | | |
| 일반관리비 | | | | | | 계 · 6.00% | |
| 이 윤 | | | | | | (노무비+경비+일반관리비) · 15.000% | 이내 |
| 건설폐기물처리비 | | | | | | (노무비+경비+일반관리비) · 15.000% | 이내 |
| 계 | | | | | | (노무비+경비+일반관리비) · 15.000% | 이내 |
| 공 급 가 액 | | | | | | | 단수정리 |
| 부 가 가 치 세 | | | | | | 공급가액 · 10.0% | |
| 도 급 액 | | | | | | | |
| 관급자재대 l 도급지l | | | | | | | |
| 관급자재대 l 관급지l | | | | | | | |
| 총 공 사 대 | | | | | | | |

**준공정산내역서**

( 사회초년생 길라잡이 조성공사 )

| 품명 | 규격 | 단위 | 계약내역 | | | 준공정산내역 | | | | | | | 증감 | | 비고 |
|---|---|---|---|---|---|---|---|---|---|---|---|---|---|---|---|
| | | | 수량 | 합계 | | 수량 | 재료비 | | 노무비 | | 경비 | | 합계 | | 수량 | 금액 |
| | | | | 단가 | 금액 | | 단가 | 금액 | 단가 | 금액 | 단가 | 금액 | 단가 | 금액 | | |

4) 준공검사원(기성검사원과 동일)

5) 간접비 정산

- 퇴직공제부금
- 건강/연금보험료/노인장기요양보험료
- 공사이행보증수수료
- 건설하도급대금 지급보증서발급 수수료
- 건설기계대여대금 지급보증서발급 수수료

6) 준공도면, 준공시방서(필요시), 준공수량산출서(필요시)

7) 준공사진첩

8) 검측대장

9) 품질시험총괄표

10) 각종필증(전기, 통신, 엘리베이터, 수도, 오수배출)

11) 단열 및 절수 용품, LED사용 재료 사용 확인서
- 단열 : 단열재,유리,방화문,벽지 관련 납품확인서/시험성정서등 자재공급원승인서류
- 절수 : 수도꼭지(샤워용,세면용,주방용등), 대변기, 소변기, 기타

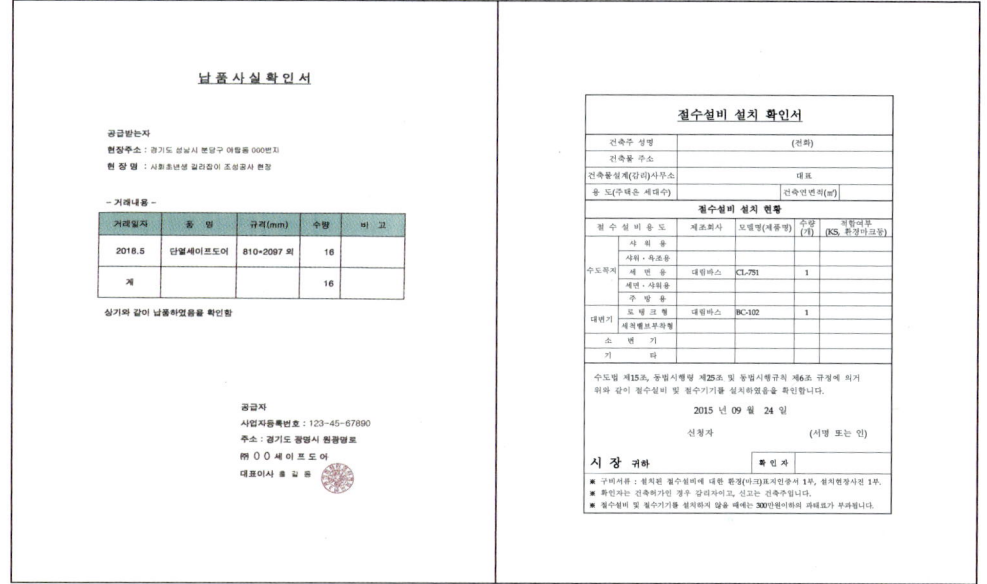

12) 이관계획서(필요시)

13) 공사작업일보(최종일)

## 3. 준공검사 완료 후 제출서류

1) 지적사항 조치 사진대지
2) 준공금 청구서
3) 하자보증서
4) 준공도면, 준공내역서 제본
5) 유지관리지침서
6) 인수인계서

## 4. 사무실 철수 관련 준비사항

1) 가설전기/통신/수도 사용 멸실신고 및 철거(해당업체 연락후 신고)
2) 가설사무실 건축 멸실신고(철거 후 사진대지 제출로 완료)
3) 퇴직공제부금 종료신고(EDI내 사업장 종료 송부)
4) 정화조 폐쇄 신고(정화조 관리 업체와 협의)
5) 내부 비품 철거 또는 폐기물 처리, 타현장이동

# 5. 시공평가

## 1) 종합심사제 도입에 따른 시공평가

○ 건설기술 진흥법 제50조에 따라 국토교통부가 고시한 "건설공사 시공 및 종합평가지침(제2015-505호, 2015.7.10.)

○ 시공평가는 영 제82조제2항에 따른 총공사비(관급자재비를 포함한 공사예정금액) 100억원 이상인 건설공사를 대상으로 실시한다. 다만, 단순⋅반복적인 공사로서 규칙 제32조 각 호에서 정하는 건설공사는 제외한다.

○ 평가시기

① 발주청은 해당 공사의 공기가 90퍼센트 이상 진척 되었을 때부터 준공된 해의 다음해 2월 말일까지 시공평가를 실시하여야 한다.

② 발주청은 해당 공사의 규모, 특성 및 공사여건 등을 감안하여 필요하다고 인정하는 경우에는 공사의 공기가 90퍼센트에 이르지 아니한 때에 평가를 실시할 수 있으며, 그 결과를 시공평가 결과에 최대 50퍼센트까지 반영할 수 있다.

시공평가표(총괄평가표)

| 평가항목 | | | 배점 | 평가등급 | | | |
|---|---|---|---|---|---|---|---|
| 대분류 (배점) | 중분류 (배점) | 세분류 | | 우수 (x1.0) | 보통 (x0.8) | 미흡 (x0.6) | 불량 (x0.4) |
| 1. 공사관리 (65) | 1.품질관리 (12) | 1.1품질관리계획 및 품질시험계획의 적정성 및 적기제출 | 3 | 적기제출 및 매우 적정 | 적기제출 및 적정 | 지연제출 또는 1차보완 (Rev.B) | 미제출 또는 2차이상 보완 |
| | | 1.2품질관리자 및 품질시험시설의 적정 여부 | 3 | 매우 적정 | 적정 (고급품질관리 대상) | 부적정 | 매우 부적정 |
| | | 1.3품질관리의 적정성 | 6 | 문서에 의한 지적건수 1건 미만 (연평균) | 문서에 의한 개선지적 1건 이상 (연평균) | 시정명령 | 과태료, 과징금, 벌점부과 등 |
| | 2.공정관리 (6) | 2.1공정관리계획 적정성 및 적기제출 | 2 | 적기제출 및 매우 적정 | 적기제출 및 적정 | 지연제출 또는 1차보완 | 미제출 또는 2차이상 보완 |
| | | 2.2계약공기 준수여부 | 4 | 공기 단축 | 예정공기 준수 | 1%이하 지연 | 1%초과 지연 |

| | | | | | | | |
|---|---|---|---|---|---|---|---|
| | 3.시공관리 (20) | 3.1현장인력 배치의 적정 여부 | 3 | 매우 적정 | 적정 | 부적정 | 매우 부적정 |
| | | 3.2시공계획서의 적정성 및 적기제출 | 3 | 적기제출 및 매우 적정 | 적기제출 및 적정 | 지연제출 또는 1차 보완 | 미제출 또는 2차이상 보완 |
| | | 3.3세부공종별 시공계획서의 이행여부 | 6 | 없음 | 문서에 의한 개선지적 | 시정명령 | 과태료, 과징금, 벌점부과 등 |
| | | 3.4민원발생 건수 | 2 | 없음 | 1건 이하 (연평균) | 2건 이하 (연평균) | 2건 초과 (연평균) |
| | | 3.5시공상세도 작성의 충실도 및 이행여부 | 4 | 100% 작성 | 95%이상 작성 | 90%이상 작성 | 90%미만 작성 또는 이와 관련 행정처분을 받은 경우 |
| | | 3.6설계도서 사전 검토의 적정성 | 2 | 매우 적정 | 적정 | 미흡 | 미실시 |
| | 4.하도급관리 (6) | 4.1하도급 계약의 적정성 | 3 | 없음 | 1건 | 2건 | 3건 이상 |
| | | 4.2하도급 관리의 적정성 | 3 | 없음 | 1건 | 2건 | 3건 이상 |
| | 5.안전관리 (15) | 5.1안전관리계획의 적정성 및 적기제출 | 3 | 적기제출 및 매우 적정 | 적기제출 및 적정 | 지연제출 또는 1차보완 | 미제출 또는 2차이상 보완 |
| | | 5.2안전관리조직 구성의 적정 여부 | 2 | 매우 적정 | 적정 | 부적정 | 매우 부적정 |
| | | 5.3안전관리의 적정성 | 4 | 없음 | 문서에 의한 개선지적 | 시정명령, 과태료 | 과징금, 벌점부과 등 |
| | | 5.4당해 현장의 재해율(%) | 6 | 0.5배 이하 | 0.8배 이하 | 1.0배 이하 | 1.0배 초과 |
| | 6.환경관리 (6) | 6.1환경관리계획 이행의 적정성 | 3 | 100% 이행 | 90%이상 이행 | 80%이상 이행 | 80%미만 이행 |
| | | 6.2환경관리의 적정성 | 3 | 없음 | 문서에 의한 개선지적 | 시정명령, 과태료 | 과징금, 벌점부과 등 |
| II. 목적물의 품질 및 성능 (35) | 7.시공품질 (18) | 7.1공사 완성도 | 5 | 95%이상 만족 | 90%이상 만족 | 80%이상 만족 | 80%미만 만족 |
| | | 7.2주요 공종시설물의 도면, 시방서 준수비율 | 9 | 없음 | 1점 이하 (연평균) | 2점 이하 (연평균) | 2점 초과 (연평균) |
| | | 7.3공사중지 및 재시공 여부 | 4 | 없음 | 1점 이하 (연평균) | 2점 이하 (연평균) | 2점 초과 (연평균) |
| | 8.구조안전성 (13) | 8.1목적물 손상 및 결함, 구조안전 조치 여부 | 5 | 주요부재에 전반적으로 문제점이 거의 없는 상태 | 주요부재에 경미한 손상, 결함이 발생한 상태 | 구조안전을 고려한 정밀 안전점검을 실시 | 구조안전 확보를 위한 보강 등을 실시 |
| | | 8.2중대건설현장 사고 등의 발생 여부 | 8 | 미발생 | 중대결함 등 발생하였으나, 적절히 보수·보강 | 중대결함 등 발생후 적절한 보수·보강 미흡 | 시설물붕괴나 전도 등 발생 |
| | 9.창의성 (4) | 9.1설계도서 사전검토를 통한 사용성 및 유지보수성 향상여부 | 4 | 10건 이상 | 3건 이상 | 2건 이하 | 없음 (구조물의 내구성, 사용성 및 유지보수성과 관련이 없으며 단순 공사안전임) |

| (가점)(2.5) | 공사 특성 및 난이도 등에 따른 보정 | 1.5 | 1.0 | | | |
|---|---|---|---|---|---|---|
| | 시공자 제안으로 인한 공사비 절감비율 | 1.0 | 1/1000 초과 | 0.3/1000~1/1000 이하 | 0.3/1000 미만 | 실적없음 |
| (감점)(-10) | 평가위원에게 금품·향응 제공 | -10 | | | | |

## 02 인수인계

### 1. 인수인계 절차 및 방법

#### 1) 절차

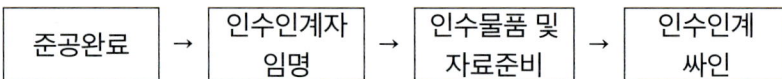

#### 2) 인수인계시 유의사항

① 준공도면
② 장비사용설명서
③ 각종 도어 키 / 장비관련 키 / 제수변 키
④ 수도계량기 위치 및 지침계 수량 확인
⑤ 수목 유지관리 방법
⑥ 시공업체별 하자관련 연락처
⑦ 현장 특이사항
⑧ 어린이놀이 설치검사 필증 원본(필히 원본)
⑨ 어린이 놀이시설 안전관리 시스템 등록(안전관리자)
 - http://www.cpf.go.kr/

### 2. 어린이놀이시설 안전관리 제도

#### 1) 근거법령 : 어린이 놀이시설 안전관리법, 동법 시행령 및 시행규칙

#### 2) 어린이 놀이시설 안전관리제도 주요내용

○ 어린이 놀이시설의 설치(설치자)
 설치자는 "어린이 놀이시설의 시설기준 및 기술기준"에 맞게 어린이 놀이시설을 설치하고, 관리주체에게 인도하기 전에 검사를 받아야 함(법 제12조)

※ 관리주체는 설치자로부터 놀이시설 인수시 설치검사 합격 여부 확인

○ **어린이 놀이시설의 유지(관리주체)**
- 관리주체는 어린이놀이시설에 대하여 2년에 1회 이상 정기시설검사 및 안전교육을 받아야하고, 월 1회 자체적으로 안전점검을 실시하여야 함. 안전점검 결과 위해를 가할 우려가 있는 경우 안전진단 신청하여야 함
- 안전관리자 신고 및 안전교육 이수, 보험가입(보험한도액은 사망시 8000만원 이상), 중대사고 발생보고 등

○ **어린이 놀이시설 관리주체 의무사항 요약**

| 구분 | 내용 | 근거 | 위반시 벌칙및 과태료 |
|---|---|---|---|
| 정기시설검사 | 설치검사를 받은 시설에 대하여 2년에 1회 이상 안전검사기관으로부터 정기시설검사를 받아야 함 | 법 제12조 제2항 | 1년 이하 징역1천만원 이하 벌금 |
| 합격의표시 | 설치검사 및 정시시설검사에 합격되었음을 표시 | 법 제12조 제4항 | - |
| 검사불합격 시설 이용금지 | 설치검사를 받지않았거나, 불합격된 시설 이용금지 | 법 제13조 제1항 | 1년 이하 징역1천만원 이하 벌금 |
| | 정기시설검사를 받지않았거나, 불합격된 시설 이용금지 | 법 제13조 제2항 | 1년 이하 징역1천만원 이하 벌금 |
| 안전점검 | 월 1회 이상 자체 안전점검 실시 | 법 제15조 제1항 | 과태료1회 : 50만원2회 : 100만원3회 : 500만원 |
| 안전진단 신청(필요시) | 안전점검 결과 위해 우려가 있는 시설에 대해 이용금지하고 1개월 이내에 안전검사기관에 안전진단 신청 | 법 제15조 제1항 | 과태료1회 : 40만원2회 : 80만원3회 : 400만원 |
| 놀이시설의 이용 금지 · 폐쇄 · 철거 | 어린이 놀이시설을 이용 금지·폐쇄·철거 시 출입금지 조치 후 관리감독기관에 통보 | 법 제16조 제5항 | - |
| 안전점검 결과 기록, 보관 | 안전점검 및 안전진단 결과 기록 보관 | 법 제17조 제1항 | 과태료1회 : 30만원2회 : 60만원3회 : 200만원 |

| | | | |
|---|---|---|---|
| 안전교육 | 안전관리자 변경 및 시설물 인도 후 3개월 이내에 안전관리자에게 안전교육을 받도록 하여야 하고 재교육은 2년에 1회 이상 받도록 해야 함 | 법 제20조 | 과태료1회 : 30만원2회 : 60만원3회 : 200만원 |
| 보험가입 | 시설을 인도받은 날부터 30일 이내에 사망시 8천만원까지 보상받을 수 있는 보험에 가입하여야 함 | 법 제21조 | 과태료1회 : 30만원2회 : 60만원3회 : 200만원 |
| 중대사고 발생보고(보고시) | 중대한 사고가 발생할 경우 관할 관리감독기관에 통보 | 법 제22조 제1항 | 과태료1회 : 30만원2회 : 60만원3회 : 200만원 |
| 보고, 검사, 답변 | 관리감독기관 요청 시 어린이 놀이시설의 설치·관리 등에 관한 자료 제출 및 보고를 해야 함 | 법 제23조 | 과태료1회 : 30만원2회 : 60만원3회 : 300만원 |
| 불합격시설 시설개선 보완명령 | 불합격시설에 대한 이행여부 점검결과 시설개선이 이뤄지지 않았을 경우 보완명령 수용 | 법 제13조 제4항 | 과태료1회 : 50만원2회 : 100만원3회 : 500만원 |
| 물놀이형 놀이시설 안전요원 배치 | 물놀이형 어린이놀이시설에서 물을 활용하는 기간 안전요원 배치 | 법 제15조의2 | 과태료1회 : 40만원2회 : 80만원3회 : 400만원 |
| 어린이놀이시설 지도점검 시 시설개선 보완명령 | 관리감독기관 지도·감독 시 안전이 미흡한 시설에 대한 보완명령 수용 | 법 제17조의2 제3항 및 제5항 | 과태료1회 : 50만원2회 : 100만원3회 : 500만원 |

# 05

## 하자 관리

1. 하자관리
2. 유지관리

## 01 하자관리

## 1. 하자보수 처리 절차

### 1) 절차
① 하자보수 접수
② 하자현황파악(시공하자, 관리하자)
③ 하자보수 범위 파악
④ 시공하자일 시 하자보수 업체 선정
⑤ 하자 보수 통보
⑥ 하자 보수(사진촬영)
⑦ 하자보수 완료 통보
⑧ 기록보관

### 2) 하자보수 미 이행시
① 하자보수 독촉 공문발송(도급→하도급)
　하자보수보증서 사고 통보(도급→보증사)
② 보증업체(전문건설공제조합, 서울보증등) 현장파악
③ 보증범위 협의 및 보수 결정
④ 하자보수 업체선정 및 하자보수
　(전/후 사진대지 작성, 도면표기)
⑤ 보증사 하자보수 완료 통보 및 보증금 청구
⑥ 하자보증금 수령

## 2. 유의사항

### 1) 도면에 의한 보수
○ 하자보수시 도면에 의한 보수가 이루어지지 않을시 추후 법적 다툼이 있을시 인정되지 않음.(보수에 대한 합의서를 작성해도 인정되지 않음)

## 2) 사용하자에 대한 점검

○ 사용상 또는 관리상의 하자에 대해 점검이 필요함

# 3. 하자종결

## 1) 하자담보 책임기간 종료에 따른 종결

○ 하자종결 책임기간 이후 3년간 이의제기가 없을 시 자동 종결
○ 하자종결 합의서에 의한 종결
  - 하자완료시점 최종 하자보수를 완료하고 합의서를 작성 날인
  - 아파트는 5분의 4이상의 동의가 있여야 종결이됨.

## 2) 법적 소송에 따른 종결

○ 최근 분양아파트는 대다수 법적 소송이 이루어 지며, 이에 따라 하자보수를 중단하고 소송에 따른 법적 책임만 지는 것으로 종결됨.

## 02 유지관리

## 1. 조경수목 유지관리

### 1) 목적

○ 관리업무는 적절한 시기에 경제적·사회적 목적 달성을 위하여 인간과 경비, 기술을 효과적으로 운영함으로써 관리의 목표를 달성하게 된다. 조경관리 목적도 이와 같이 일정한 계획에 의해 전문기술과 조직의 사용으로써 목적을 달성하게 되는 것이다. 또한 조경관리의 목표는 일상의 이용에서 관리대상의 기능을 어떻게 충분히 발휘시키며 이용자가 쾌적하고 안전하게 이용하게 하는가에 있다. 이를 위해 최소의 경비와 인원으로써 효율적으로 행하는 것이 이상적이며, 사전에 관리의 내용을 충분히 인식하여야 한다.

### 2) 일반사항

○ 유지관리는 식생과 시설물에 대한 관리로 나눌 수 있으며, 이는 본래의 조성목적을 가능하게 하고 기능을 양호한 상태로 유지시키고자 하는 기술적인 관리행위이다. 또한 조경식생과 시설물을 항상 이용에 용이하도록 점검, 보수하여 구성요소의 설치목적에 다라 공공을 위한 서비스의 제공을 원활히 하는 것이다. 이러한 유지관리는 관리행위가 행해지는 시점에 따라 예방대책인 사전관리와 복구대책인 사후관리로 나누어 행해진다.

### 3) 주요대상

수목, 초화류, 잔디 등과 편익, 유희, 휴게, 기반시설 및 경관화단 등을 주 관리대상으로 한다.

## 4) 유지관리의 중요성

### (1) 식생관리

식물의 생육은 자연적 환경에 의해 영향을 받는 것으로서 식재 후 생육이 양호한 상태를 계속 유지하여야만 각 식물에 부여된 기능과 아름다움을 최대로 발휘 할 수 있으며, 식물이 일단 손상을 입으면 그것을 회복하는 데는 많은 시간과 경비가 소모되게 된다.

### (2) 시설물관리

조경시설물은 공간의 주요기반시설 또는 이용자가 직접 이용하는 구조물로서 매우 중요하며 그 기능이 충분히 발휘되도록 항상 점검·보수하여야 한다. 시설물의 훼손, 노후화는 주변경관을 해칠 뿐만 아니라 이용시 안전사고의 위험이 있어 정기적인 점섬을 실시하여야 하며 보수, 도색 및 이용의 안정성 등 유지관리에 주의를 기울여야 한다.

## 5) 유지관리 항목 및 주의사항

유지관리는 식물의 생육이 원활하도록 하기 위하여 지주목, 관수, 시비, 정지·전정, 병해·충 방제 등과 포장, 휴게시설 등에 대한 보수, 도색 및 주변 환경 개선 사업 등을 대상으로 한다. 이때 병해·충 방제에 따른 약품살포 및 시설물의 도색시 중금속에 오염되지 않도록 각별히 주의를 기울여야 한다.

## 2. 관공서(LH공사) 유지관리 설계항목

| 품 명 | 시행횟수(2년간) | 비 고 |
| --- | --- | --- |
| 교목,관목전정 | 1회 | |
| 교목병충해방제(기계) | H2.0이상,6회(준공후2년,연간3회) | |
| 교목병충해방제(기계) | H2.0미만,6회(준공후2년,연간3회) | |
| 관목병충해방제(기계) | 6회(준공후2년,연간3회) | |
| 교목관수(물탱크) | 4회(준공후2년,연간2회) | |
| 관목및초화류관수(물탱크) | 4회(준공후2년,연간2회) | |
| 지주목재결속 | 준공후2회 | |
| 제초(관목,초화류,잔디) | 준공후4회 | |
| 잔디깍기(준공후4회) | 기계사용 | |

# 3. 조경수목 유지관리 연간공정표

| 공종 | 종류 | 1월 | 2월 | 3월 | 4월 | 5월 | 6월 | 7월 | 8월 | 9월 | 10월 | 11월 | 12월 | 비 고 |
|---|---|---|---|---|---|---|---|---|---|---|---|---|---|---|
| 관수 | 관 수 | | | ■■ | ■■ | ■■ | ■■ | ■■ | ■■ | ■■ | ■■ | ■■ | ■■ | 특히 건조가 심한 곳이나 전해에 심은나무의 경우 아침 또는 해질 무렵에 관수하는 것이 좋다. |
| 가지치기 | 낙엽수 가지치기 | | | ■■ | ■ | | | | | | | ■■ | | 기본이 될 가지를 가꾸어 나간다. 너무 많은 가지를 칠 경우 실시한다. |
| | 지나치게 우거진가지 | | | | | | ■ | ■ | ■ | | | | | 도장지나 지나치게 우거진 가지, 필요 이상 신장한 가지는 가볍게 다듬어 줌. |
| | 고사목의 제거 | | | ■■ | ■■ | ■■ | | | | | | ■■ | ■ | 수시로 점검하여 고사 부위를 절단해 내고, 그 부위에는 콜타르, Point 등으로 칠하여 병충해 침입, 썩음방지. |
| 시비 | 거름주기 | | ■ | ■■ | ■ | | □ | □□ | | | ▦ | ▦▦ | | ■밑거름을 준다<br>덧거름을 준다 ▦생육상태에 따라 추비를 한다.(지나친 시비는 피함) |
| 식재지제초 | 식재지의 제초 | | ■ | ■ | | | □ | □□ | □ | □ | □ | | | ■3월과 7월에 CAT제의 살초데 살포 □이 기간동안 풀이 지나치게 크기전에 뿌리채 뽑아줌 |
| 이식 | 줄기감기 | | | ■ | ■■ | ■■ | ■■ | ■■ | ■■ | ■ | | | | 이식이 어려운 나무, 쇠약해진 나무에 실시하면 효과적 줄기와 굵은 가지에 새끼를 감아 그 위에 진흙을 바름 |
| | 낙엽수 이식 | | | | | | | | | | □□ | □□ | □ | 이식의 최적기는 3,11월이다. 춘계이식은 잎눈이 움직이기전, 추계이식은 낙엽이 완전히 진후에 한다. |
| | 초화류의 종자파종 및 이식 | | | ■ | ■ | | ■ | | | ■ | ■ | | | 시기에 알맞은 것을 선정하여 파종 및 이식토록 한다. |
| 병충해방제 | 병해방지 | | | ■ | ■ | | □ | □□▦ | □□▦ | □□▦ | □ | | | ■석유유황제 살포<br>□보르도액, 다이젠 등 살포<br>▦흰가루병 발생시 다이젠, 카라센 살포 |
| | 진딧물 구제 | | | ■■ | □□ | □□ | □□ | □■■ | ■ | | | | | ■메카틴입제를 나무 주위에 살포 수개월 간 약효지속 □메카틴입제를 미사용시 달마다 미라딘, 디프테렉스 살포 |
| | 흰불나방 구제 | | | | ■ | ■□ | ■□ | ■ | ■□□ | ■ | | | | ■약제살포 □피해가 심한지업을 따 소각 |
| | 도깨비집병 구제 | | ■ | ■■ | ■ | | | | | | | | | 벚나무에 발생하므로 눈에 뜨이는 대로 병징이 나타난 부분을 소각 |
| 월동준비 | 새끼감기, 볏짚싸기 | □ | □ | | | | | | | ■ | ■■ | | | ■줄기에 새끼,볏짚 설치(월동대비,병충해 방재로실시). □줄기에 싼것을 걷어 소각 |

## 4. 전정시기

| 전정시기 | 내 용 | 비 고 |
|---|---|---|
| 춘기전정<br>(4 - 5월) | 상록수 적기, 화목의 꽃이 진 후 전정<br>생장억제. 눈따기, 적심 등 | 정기 1회 |
| 하기전정<br>(6 - 8월) | 생육조정, 수형정비, 솎음전정<br>도장지 제거, 가지길이 줄이기 등 | 정기 1회 |
| 추기전정<br>(9 - 10월) | 상록수 - 고사지 전정, 수형정비<br>낙엽수 - 동기전정과 동일 | 정기 1회 |
| 동기전정<br>(11 - 3월) | 낙엽수 적기, 침엽수 수형 만들기<br>일반전정, 솎음전정, 가지길이 줄이기 등 | 필요시 |

**여기서 잠깐**

### ▶ 조경시설물공사 진행순서

<그림9-121> 부지정리

<그림9-122> 측량

<그림9-123> 자재준비(우수관반입)

<그림9-124> 자재준비(경계석반입)

<그림9-125> 우수관터파기

<그림9-126> 우수맨홀 커팅

<그림9-127> 집수정 연결

<그림9-128> 빗물받이 터파기/설치

<그림9-129> 우수관 연결              <그림9-130> 집수정 임시뚜껑 설치

<그림9-131> 기준점 설치/간략 터파기    <그림9-132> 경계석 본터파기

<그림9-133> 다짐                   <그림9-134> 거푸집 설치

<그림9-135> 경계석 설치             <그림9-136> 주변정리

**여기서 잠깐**

<그림9-137> 포장면 터파기

<그림9-138> 포장면 터파기

<그림9-139> 원지반 다짐

<그림9-140> 골재반입

<그림9-141> 골재포설

<그림9-142> 골재포설 다짐

<그림9-143> 골재포설 다짐

<그림9-144> 집수정 그레이팅 설치

<그림9-145> 앙카설치 및 몰탈보강

<그림9-146> 시설물 설치

<그림9-147> 디딤돌 포장

<그림9-148> 차도면 하부 콘크리트포장

<그림9-149> 포장마감(마사토포장반입)

<그림9-150> 포장마감(마사토포장포설)

<그림9-151> 포장마감(마사토포장다짐)

<그림9-152> 포장마감(인조화강석포장설치)

## 여기서 잠깐

<그림9-153> 포장마감(황토포장설치)

<그림9-154> 포장마감(마사토포장)

<그림9-155> 포장마감(인조화강석블럭)

<그림9-156> 포장마감(황토포장)

▶ 조경식재공사 진행순서

<그림9-159> 수목검수

<그림9-160> 수목하차

<그림9-161> 수목식재

<그림9-162> 지주목설치

<그림9-163> 물주기

<그림9-164> 관목식재

<그림9-165> 관목식재

<그림9-166> 잔디면정리(장비)

여기서 잠깐

<그림9-167> 잔디면정리(인력)

<그림9-168> 잔디배치

<그림9-169> 잔디식재(광장)

<그림9-170> 잔디식재(주변부)

<그림9-171> 퇴비포설, 물주기

<그림9-172> 잔손보기

<그림9-173> 물주기

<그림9-174> 식재완료

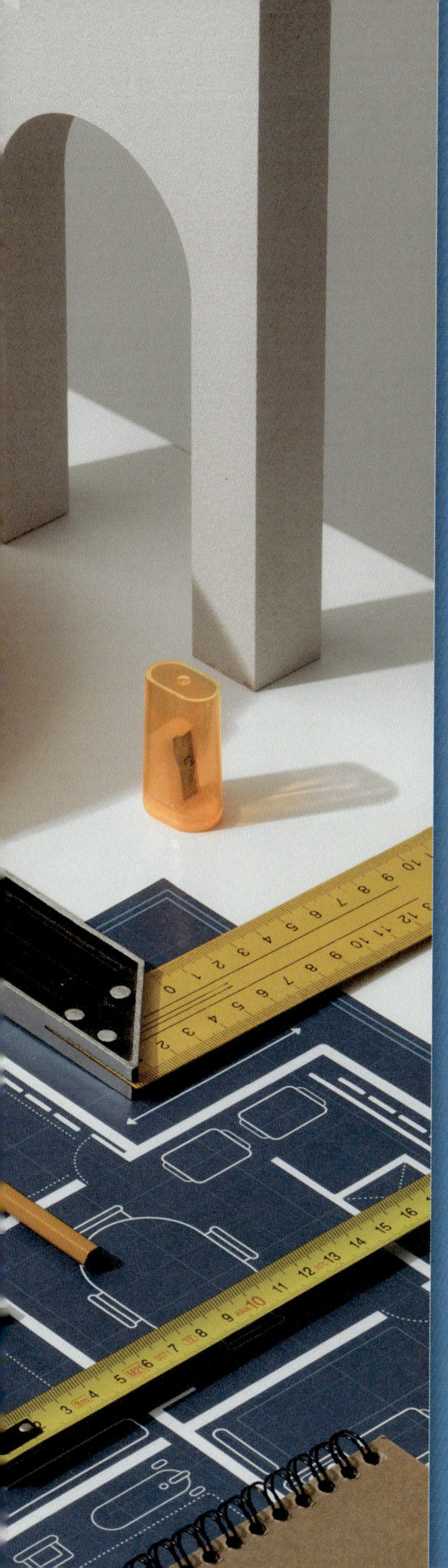

# 06

# 한글
# 실무

1. 실정보고사유서 만들기
2. 재료비교표 만들기
3. 자주 사용하는 단축키 익히기

# 01 실정보고 사유서 만들기

## 1. 실정보고(현황보고) 따라하기

공사중 발생하는 현장여건에 따라 관급자재를 변경하는 실정보고를 작성해 보도록 하겠습니다.
예시를 따라 천천히 따라 해 보시기 바랍니다.

<그림5-1>

1. 빈문서 열고 쪽편집 클릭

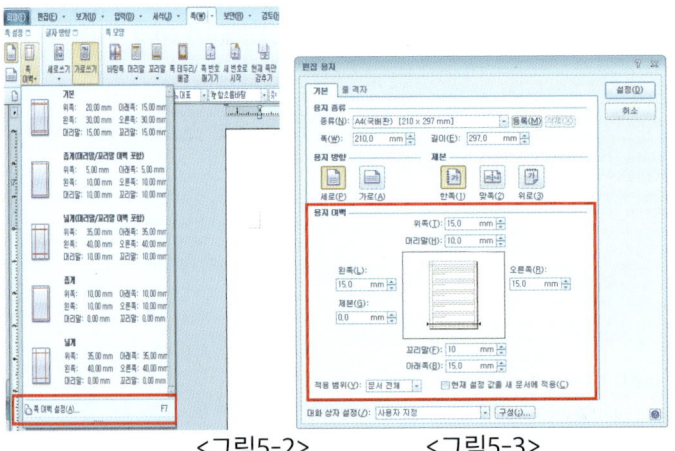

<그림5-2>    <그림5-3>

2. 쪽 여백 설정 클릭

3. 쪽여백을 그림과 같이 춥니다.

 - 위쪽, 왼쪽, 오른쪽, 아래쪽 15mm
 - 머리말, 꼬리말 10mm

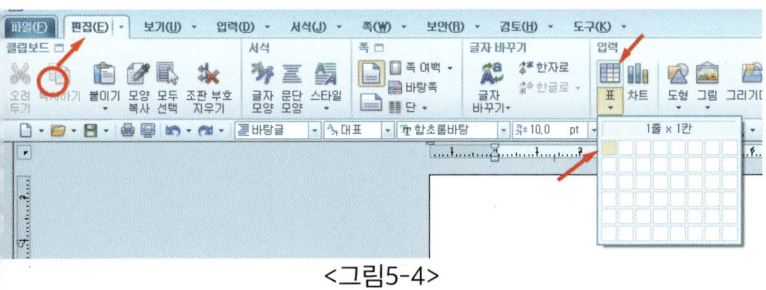

<그림5-4>

4. 편집 - 표그리기
 - 1줄x1칸을 만듭니다.

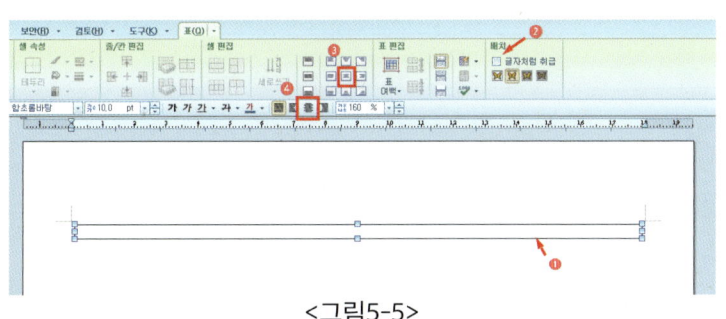

<그림5-5>

5. 표를 클릭하여
 - "글자처럼 취급" 체크
 - "글자 가운데 정렬"
   클릭
 - "표 가운데 정렬"
   클릭

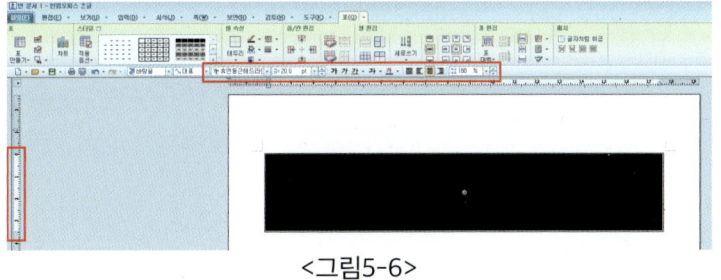

<그림5-6>

6. 표내부에 커서를
   이동후

 - 키보드 F5를 누르고
 - Ctrl + ↓를 동시에
   눌러서 좌측ㅁ에 표시
   된바와 같이 3.5mm
   로 크기를 조정합니다.

7. 마우스 오른쪽 클릭
   하여
 - 셀 테두리/배경,
   각셀마다 적용 클릭

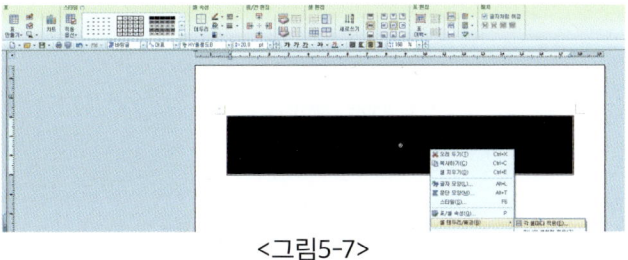

<그림5-7>

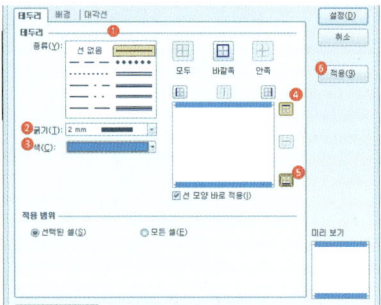

<그림5-8>

<그림5-9>

8. 셀 테두리 설정
 ① 선선택
 ② 굵기는 2mm
 ③ 테두리 색지정(파랑)
 ④ 적용할 테두리 선택
 ⑤ 적용

9. 셀 배경 설정
 ① 그러데이션
 ② 색지정(연한파랑)
 ③ 사용자 정의 클릭
 ④ 가로중심 50,
   세로중심 50
   기울임 0,
   번짐정도 50,
   번짐중심 50 설정
 ⑤ 설정 클릭

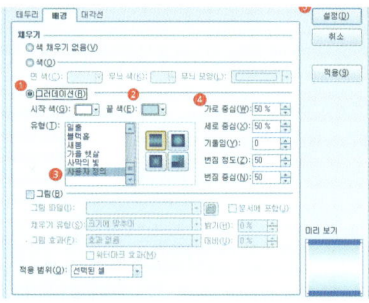

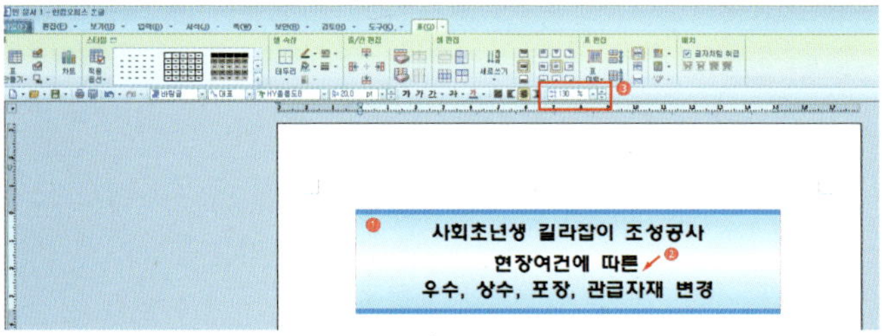

<그림5-10>

10. 글자넣기
 ① 테두리를 내가 원하는
   크기로 조정
   (Ctrl + ↑↓←→)
 ② 내용입력
 ③ "현장여건에 따른"
   뒷부분에 커서를
   이동하여 좌간거리
   130으로 수정

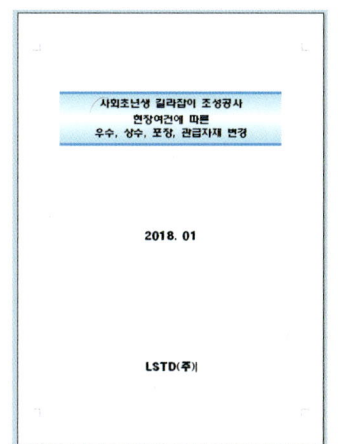

<그림5-11>

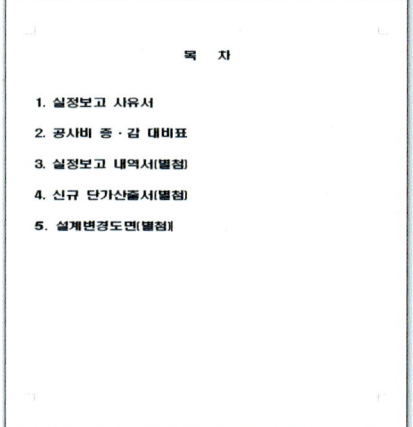

<그림5-12>

11. 갑지 완성
   - 상기에 작성한 표를
     적당한 위치에
     놓고
   - 가운데 날짜 입력
     (휴먼둥근헤드라인, 20)
   - 아래부분에 회사명
     입력
     (휴먼둥근헤드라인, 20)

12. 목차입력
   - 휴먼둥근헤드라인, 20

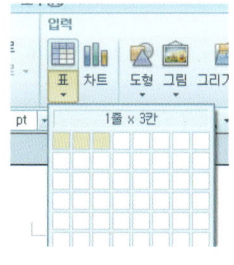

<그림5-13>

<그림5-14>

13. 을지 만들기
   ① 표에서 1줄x3칸을
     만듦니다.

14. 제목을 만듭니다.
   - 표의 크기를 그림과
     같이 조정
   - 모형이 변하는 셀에
     커스를 옮기고
   - 좌판에서 "F5"
     ( Shift + ↑↓⟷ )

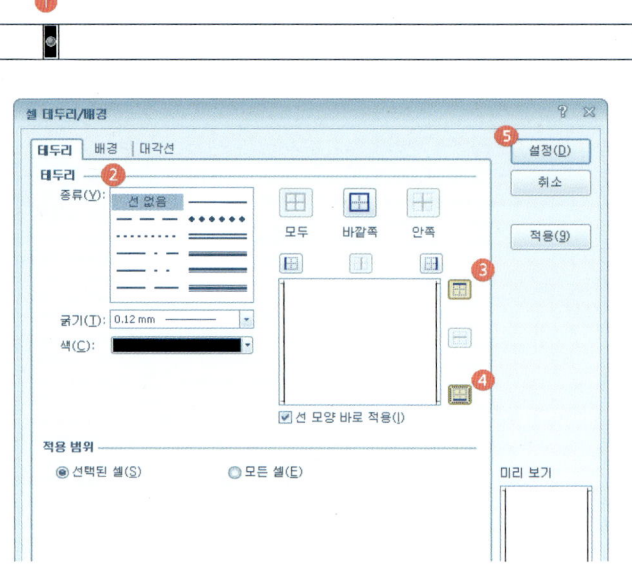

<그림5-15>

15. 가운데 테두리 없애기
① 가운데 셀에서 "F5" 입력
② "선없음" 클릭
③ "위쪽 선" 클릭
④ "아래쪽 선" 클릭
⑤ 설정

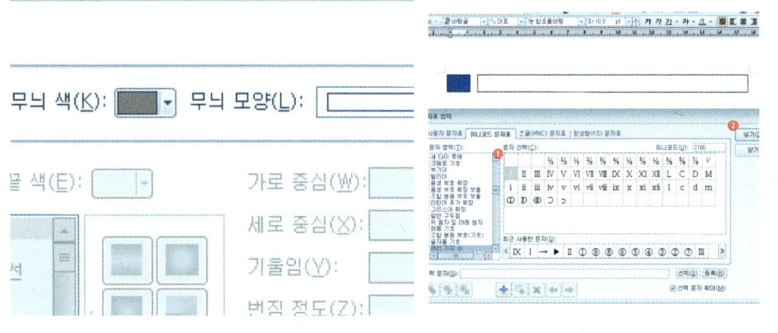

<그림5-16>   <그림5-17>

16. 제목 셀 설정
① 표 첫 번째 칸에서 "F5" 입력
② "색" 클릭
  - 면색에서 색상지정 (파랑)
③ 설정

17. 글자 넣기
① 입력, 문자표 클릭 ( CtRL + F10 )
② 유니코드 문자표, 여러 가지 수
  - 아라비아숫자 "Ⅰ" 선택
③ 넣기

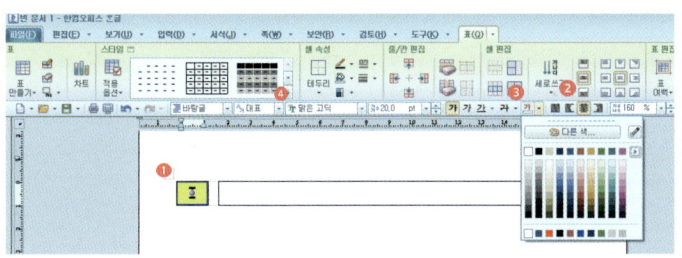

<그림5-18>

18. 글자 색 변환
① 표 첫 번째 칸에서 "F5" 입력
② 가운데 정렬
③ 글씨 색 지정 (백색)
④ 글자모양, 크기지정
   (맑은 고딕, 16)

<그림5-19>

19. 제목 글씨체 지정
① 표 세 번째 칸에서 "F5" 입력
② 글씨모양, 크기지정
   (휴먼둥근헤드라인, 16)

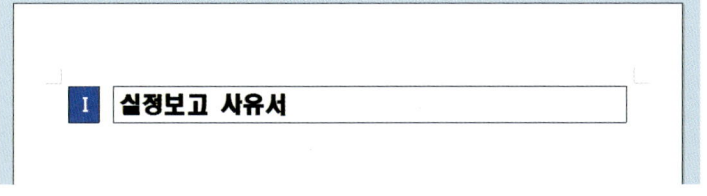

<그림5-20>

20. 제목 입력
 - 실정보고 사유서

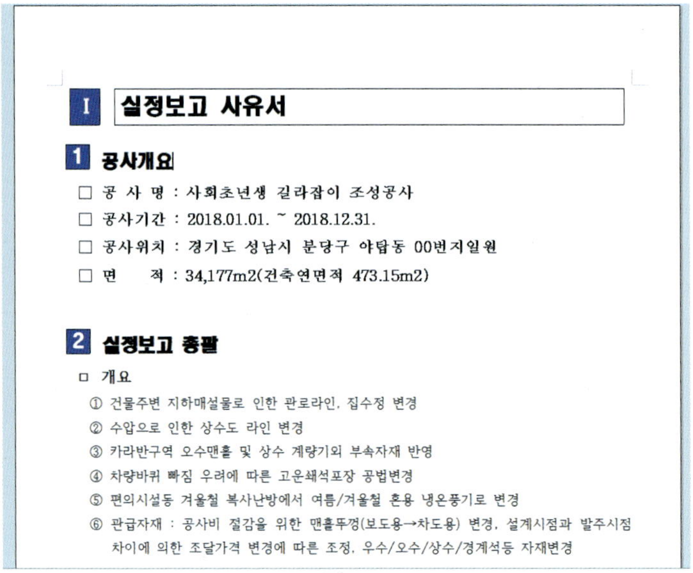

21. 같은 방법으로 내용
 - 공사개요
   (휴먼둥근헤드라인, 16)
 - 공사명, 공사기간,
   공사위치, 면적
   (신명조, 14)
 - 실정보고 총괄
   (휴먼둥근헤드라인, 16)
 - 개요
   (신명조, 14)
 - 내용
   (신명조, 12)

<그림5-21>

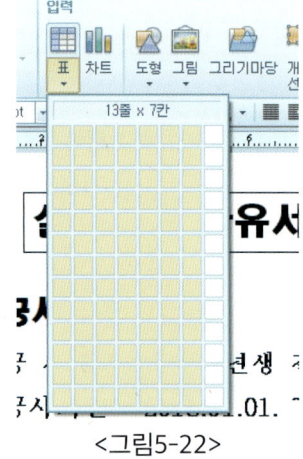

22. 공사비 총괄표 입력
 ① 편집→입력→표에서
    13줄 7칸 만들기
    또는
    단축키 "Ctrl + N,T"

<그림5-22>

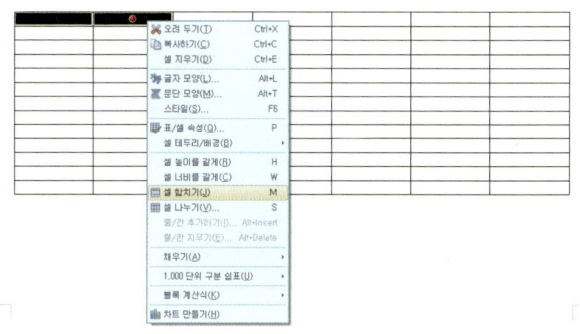

<그림5-23>

② 총괄표에 필요한
   셀 합치기, 나누기
- 합치기 할 셀을
   선택후 단축키
   "M" 입력
- 나누기 할 셀을
   선택후 단축키
   "S" 입력

<그림5-24>

- 자신이 필요한
   모양으로 만들기

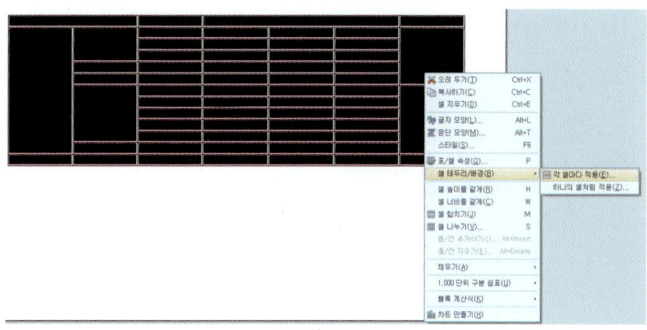

<그림5-25>

③ 셀 테두리 변경
- 전체셀을 지정후
   마우스 오른쪽
   클릭 셀테두리/배경
   → 각 셀마다 적용
   선택
   또는 단축키 "L"입력

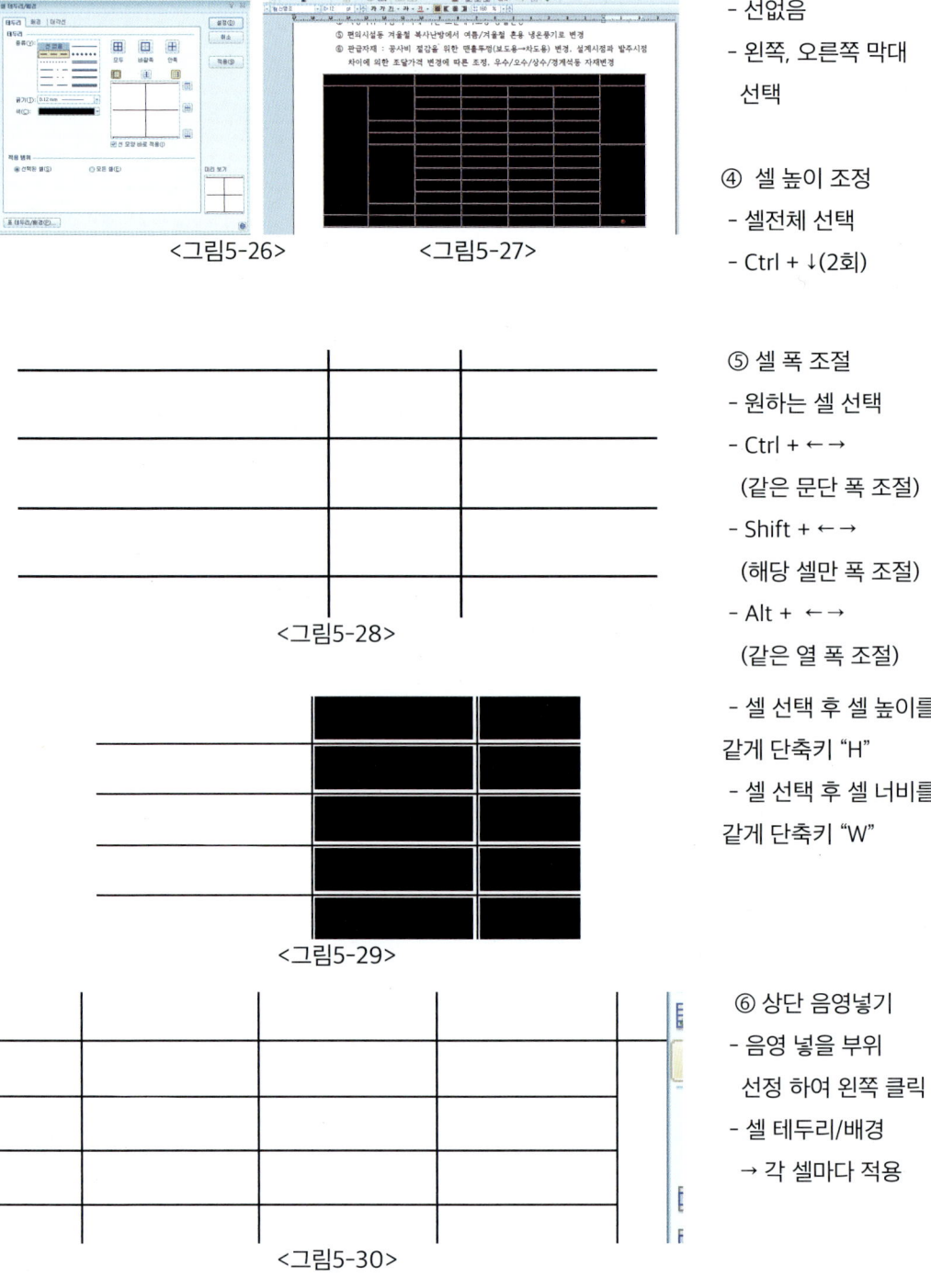

- 선없음
- 왼쪽, 오른쪽 막대 선택

④ 셀 높이 조정
- 셀전체 선택
- Ctrl + ↓(2회)

⑤ 셀 폭 조절
- 원하는 셀 선택
- Ctrl + ← →
  (같은 문단 폭 조절)
- Shift + ← →
  (해당 셀만 폭 조절)
- Alt + ← →
  (같은 열 폭 조절)
- 셀 선택 후 셀 높이를 같게 단축키 "H"
- 셀 선택 후 셀 너비를 같게 단축키 "W"

⑥ 상단 음영넣기
- 음영 넣을 부위 선정 하여 왼쪽 클릭
- 셀 테두리/배경
  → 각 셀마다 적용

<그림5-26>   <그림5-27>

<그림5-28>

<그림5-29>

<그림5-30>

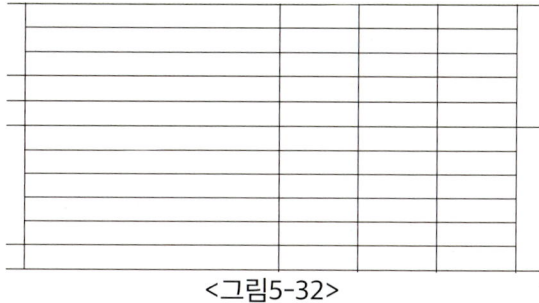
&lt;그림5-31&gt;

- 면색을 회색으로 지정

&lt;그림5-32&gt;

⑦ 글자 넣기
- 제목
  (신명조, 12)
- 내용
  (신명조, 11)
- 증감
  (신명조, 11, 붉은색)

⑧ 대비표 작성 완료

&lt;그림5-33&gt;

# I 실정보고 사유서

## 1 공사개요
- 공 사 명 : 사회초년생 길라잡이 조성공사
- 공사기간 : 2018.01.01. ~ 2018.12.31.
- 공사위치 : 경기도 성남시 분당구 야탑동 00번지일원
- 면    적 : 34,177m2(건축연면적 473.15m2)

## 2 실정보고 총괄

□ 개요
① 건물주변 지하매설물로 인한 관로라인, 집수정 변경
② 수압으로 인한 상수도 라인 변경
③ 카라반구역 오수맨홀 및 상수 계량기외 부속자재 반영
④ 차량바퀴 빠짐 우려에 따른 고운쇄석포장 공법변경
⑤ 편의시설동 겨울철 복사난방에서 여름/겨울철 혼용 냉온풍기로 변경
⑥ 관급자재 : 공사비 절감을 위한 맨홀뚜껑(보도용→차도용) 변경, 설계시점과 발주시점 차이에 의한 조달가격 변경에 따른 조정. 우수/오수/상수/경계석등 자재변경

| 구분 | | 주요 변경 내용 | 예산액(천원) | | | 비고 |
|---|---|---|---|---|---|---|
| | | | 당초 | 변경 | 증감 | |
| 공사비 | 토목 | ▶건물주변 우수관, 집수정 변경 | 38,511 | 37,232 | -1,278 | |
| | | ▶상수라인 변경 | 9,409 | 8,715 | -694 | |
| | | ▶오수, 상수 부속자재 | - | 9,639 | 9,639 | |
| | 조경 | ▶고운쇄석포장 공법변경 | 119,374 | 103,506 | -15,867 | |
| | 기계 | ▶천장형복사난방기 수량조절 | 9,864 | 2,284 | -7,580 | |
| | 관급 | ▶토목부분(면폴뚜껑, 조달가격변경외) | 163,100 | 157,200 | -5,900 | 조달구매 |
| | | ▶조경부분(조달가격변경외) | 151,600 | 144,380 | -7,220 | |
| | | ▶건축부분(조달가격변경외)_도급자 | 92,464 | 100,490 | 8,026 | |
| | | ▶건축부분(창호 1개 삭제)_관급자 | 26,787 | 26,275 | -512 | |
| | | ▶기계부분(냉난방기추가설치) | 10,340 | 32,600 | 22,260 | |
| 간접비 | | | 97,182 | 96,310 | -874 | |
| 소계 | | | 718,631 | 718,631 | 0 | 공사비 증감없음 |

<그림5-34>

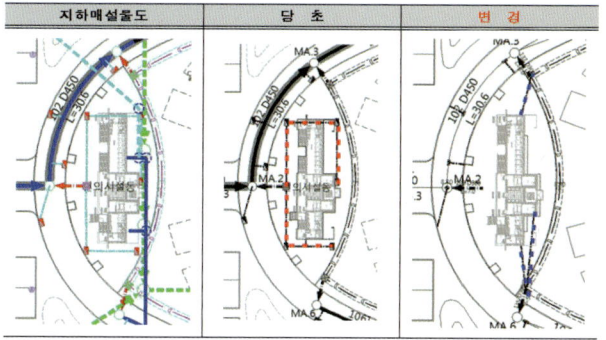

<그림5-35>

24. 다음으로 세부내용을 만들어 보겠습니다.

천천히 따라해 보세요.

※ 세부내용부터는 단축키 위주로 알아보겠습니다.

<그림5-36>

25. 상단의 개요를 복사합니다.
(단축키 : Ctrl+C)

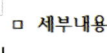
□ 세부내용
|

26. 상단에 "Ctrl+V"해서 "세부내용"으로 변경합니다.

<그림5-37>

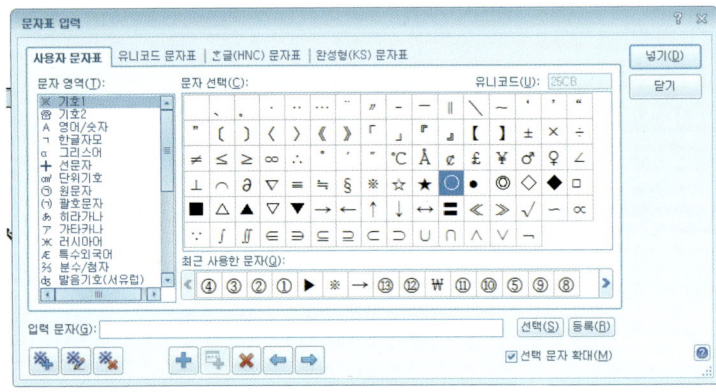

27. 세부내용 다음줄에 커서를위치하고 "Ctrl+F10"을 눌러서

<그림5-38>

28. "우수공"을 입력합니다.

□ 세부내용
　○ 우수공

<그림5-39>

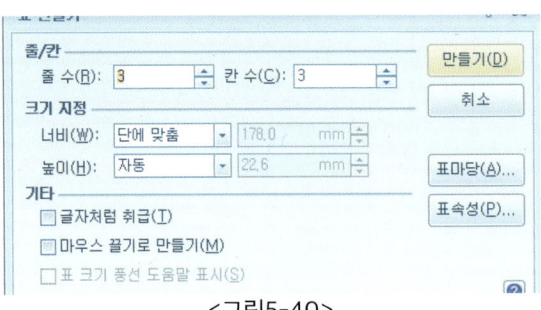

29. ① 아래줄로 이동하여 "Ctrl"을 누르고 "N"과 "T"를 차례로 입력합니다. 그러면 표 만들기 창이 열리고
줄수"3", 칸수"3"을 입력하고
"Alt"를 누르고 "D"를 입력합니다.

<그림5-40>

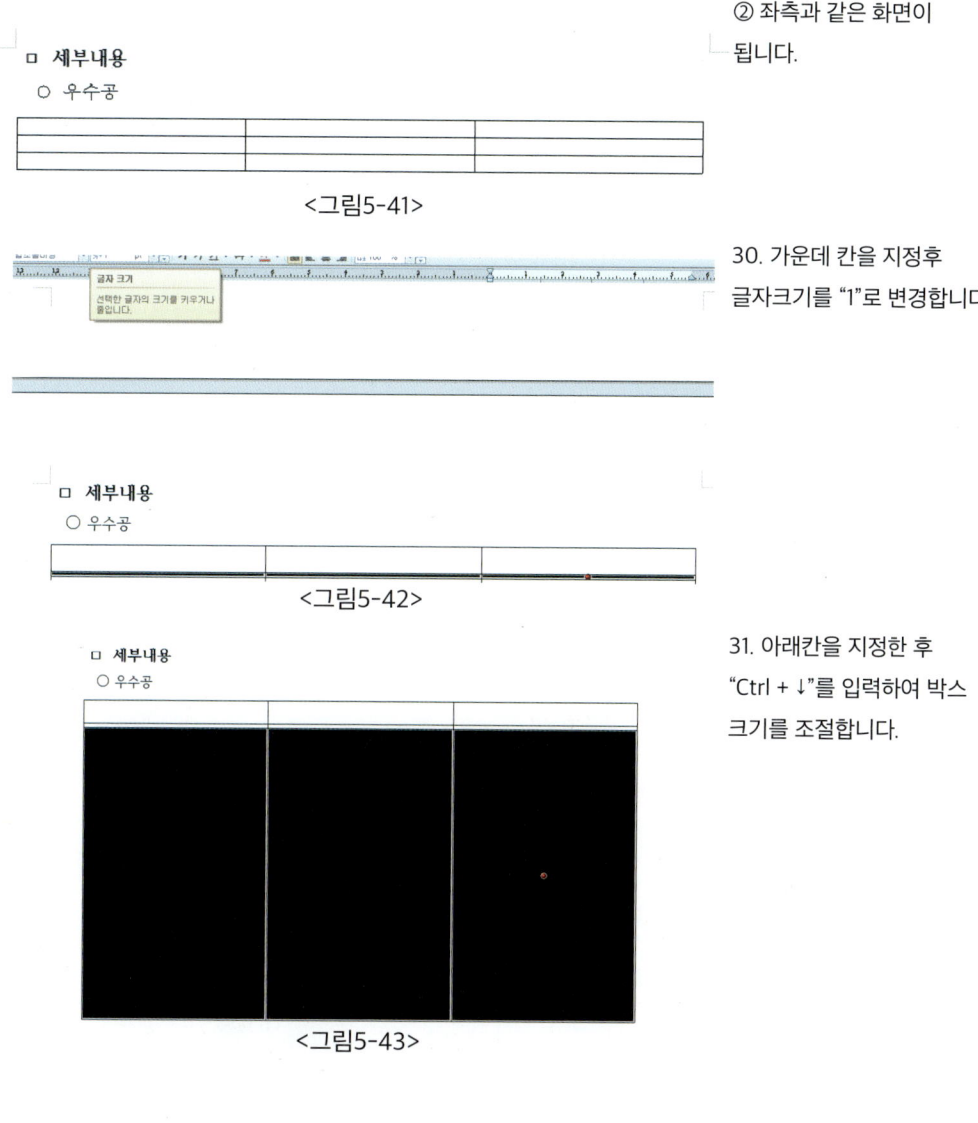

② 좌측과 같은 화면이 됩니다.

<그림5-41>

30. 가운데 칸을 지정후 글자크기를 "1"로 변경합니다.

<그림5-42>

31. 아래칸을 지정한 후 "Ctrl + ↓"를 입력하여 박스 크기를 조절합니다.

<그림5-43>

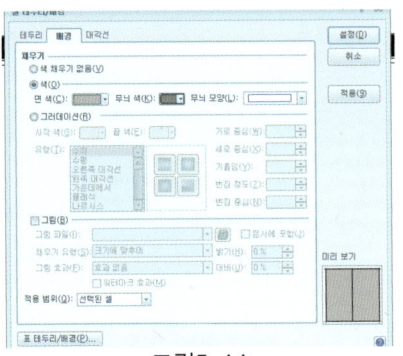

<그림5-44>

32. ① 최상단 셀을 선택후 키보드 "L"을 입력합니다.
② 셀 테두리/배경 창이 열리면 배경으로 이동하여 면색을 "회색"으로 지정합니다.

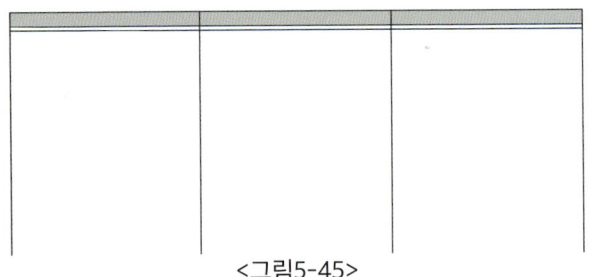

<그림5-45>

③ 다음과 같은 결과물이 됩니다.

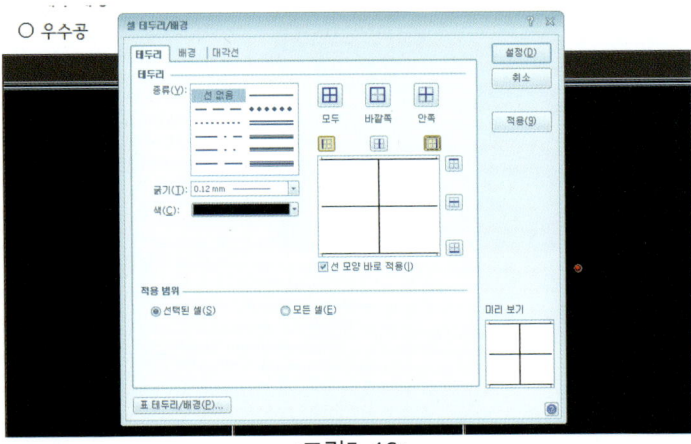

<그림5-46>

33. ① 셀 전체를 선택후 키보드 "L"을 입력하고 테두리를 "선없음", "좌,우"선택

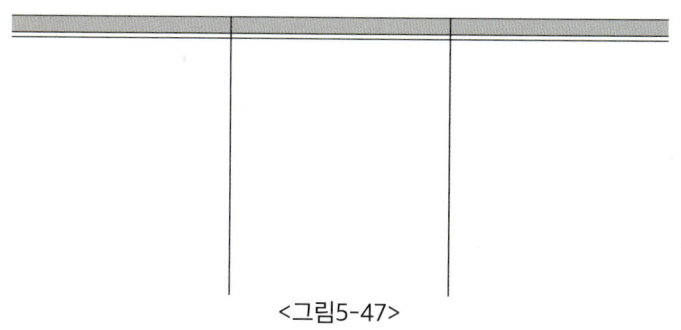

<그림5-47>

② 다음과 같은 결과물이 됩니다.

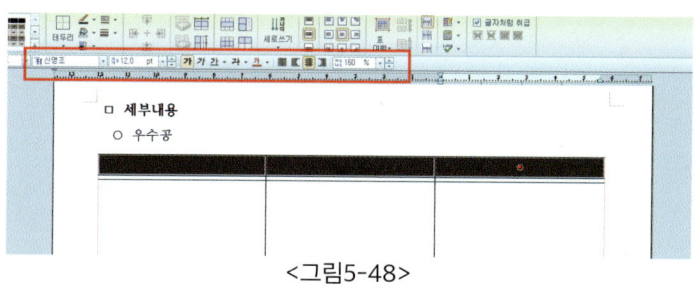

<그림5-48>

34. 상단 박스 선택후
글자 "신명조"
크기 " 12"
"진하게" 체크
"가운데정열" 체크

| 세부내용 | | |
|---|---|---|
| 지하매설물도 | 당 초 | 변 경 |
| | | |

<그림5-49>

35.
① 박스선택 후 크기조정
"Ctrl + ↓(2회)"
②
"지하매설물도,당초,변경"입력
③ "변경" 선택 후 글자색
적색으로 변경

36. [그림삽입]
① 원하는 위치 커서 이동
② "Ctrl + L, I" 입력
③ 그림선택
④ "문서에 포함" 체크
"글자처럼 취급" 체크
"셀 크기에 맞추어 삽입" 체크
⑤ "Alt + D"

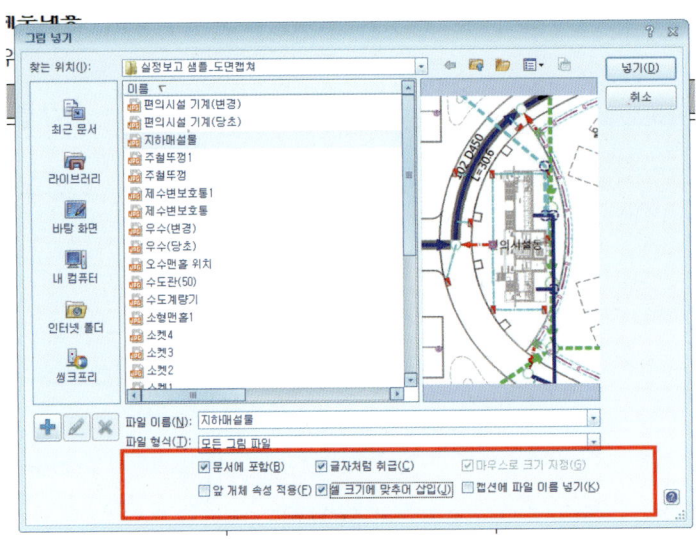
<그림5-50>

⑥ 다음과 같은 결과물이 됩니다.

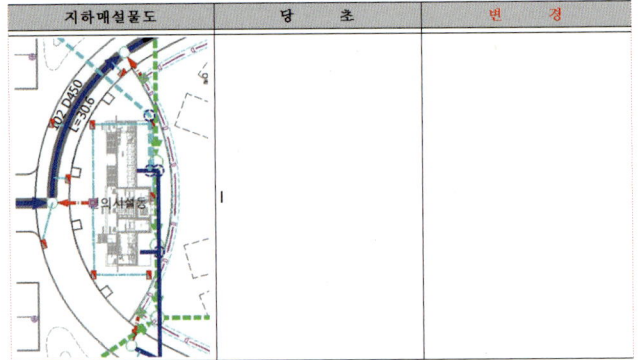
<그림5-51>

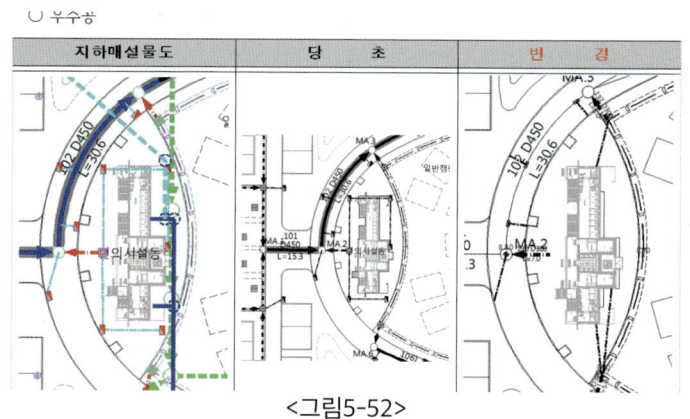

<그림5-52>

37. 다른 그림 삽입
※ 같은 방법으로 나머지 칸의 그림을 삽입합니다.

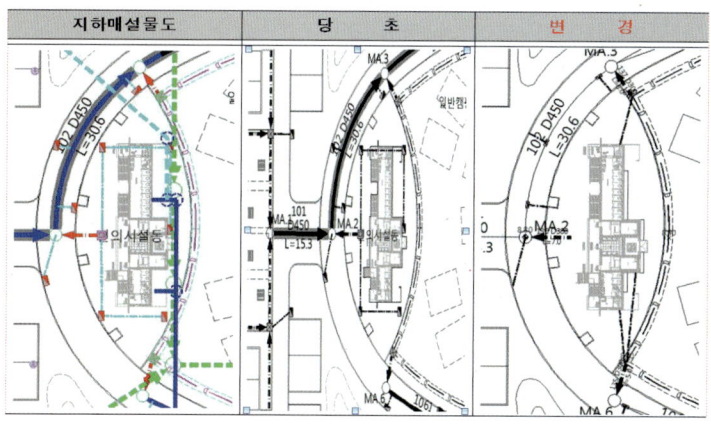

<그림5-53>

38. 가운데 그림과 같이 원하는 모양이 아닐 경우, 그림의 크기는 마우스로 조절이 가능합니다.

<그림5-54>

39. [당초 그림에 도형넣기]
① 상단매뉴바에서 다각형을 선택합니다.

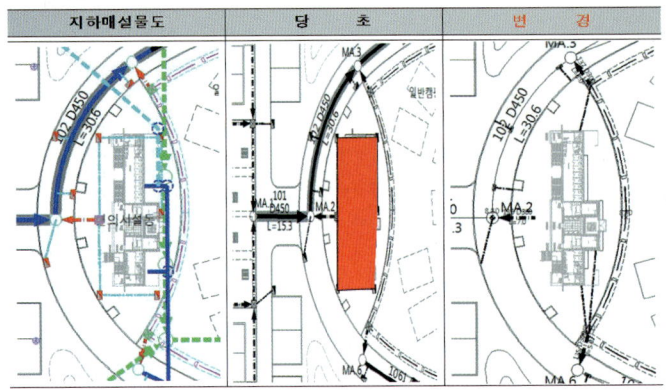

<그림5-55>

② 강조 라인을 선택합니다.
※ 직각으로 움직이기 위해서는 Shift를 눌러주면 됩니다.
③ 마칠때는 ESC를 눌러줍니다.

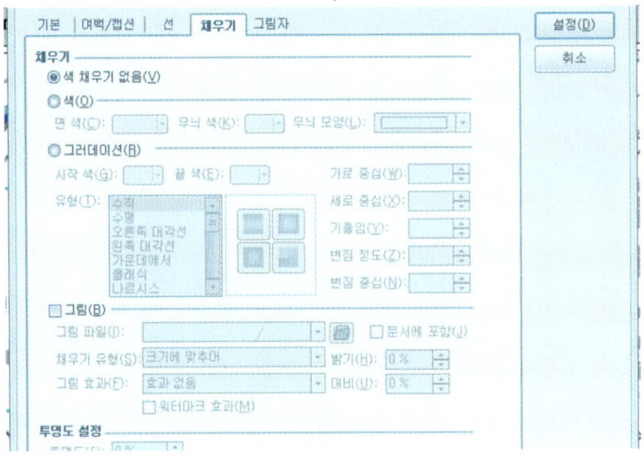

<그림5-56>

④ 도형을 선택후 키보드 "P" 입력하여 개체속성 창 열기
⑤ 채우기를 "선 채우기 없음" 선택

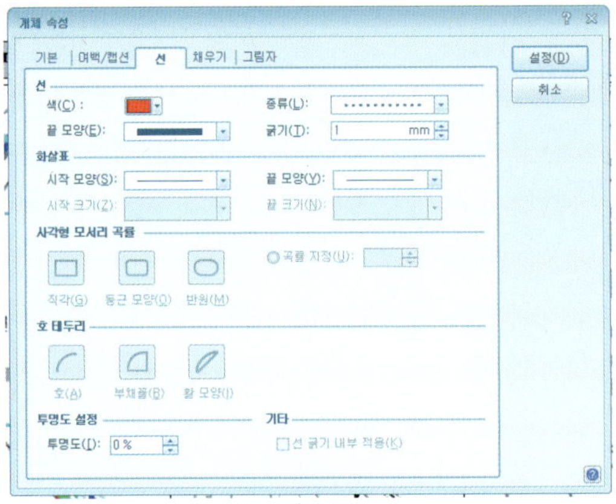

<그림5-57>

⑥ 선 시트로 이동하여
"색" 적색
"종류" --------
"굵기" 1mm 선택
⑦ "Alt + D" 입력

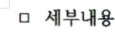

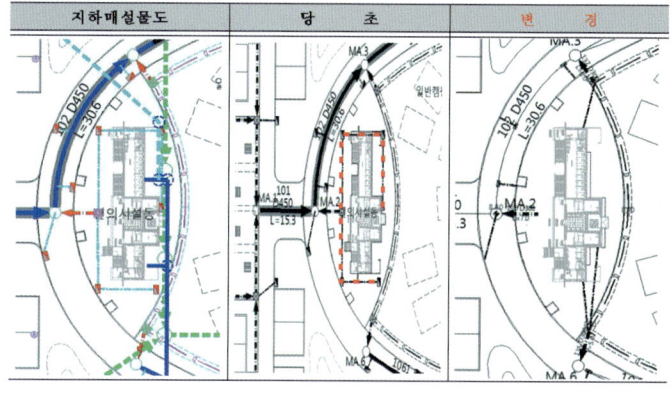

<그림5-58>

⑧ 다음과 같이 당초 우수공 라인에 적색으로 점선이 표시됩니다.

<그림5-59>

40. [변경 그림에 직선넣기]
① 입력에서 직선을 선택합니다.

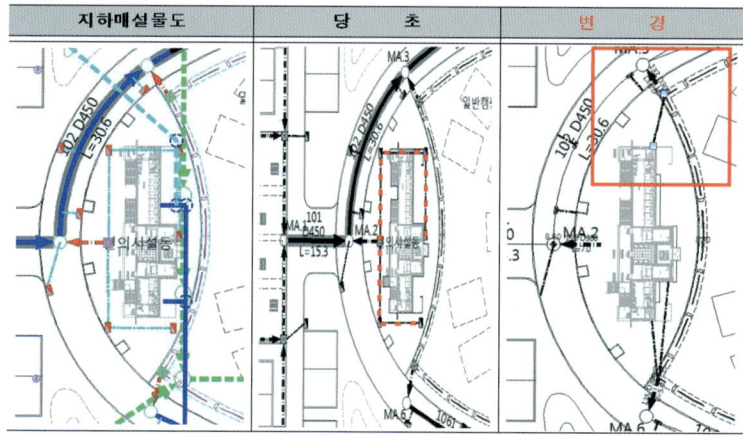

<그림5-60>

② 변경된 우수라인을 따라 직선을 그려줍니다.

<그림5-61>

③ 직선을 선택후 "P"입력
④ 개체속성
"색" 파랑
"종류" --------
"굵기" 1mm 선택
⑤ "Alt + D" 입력

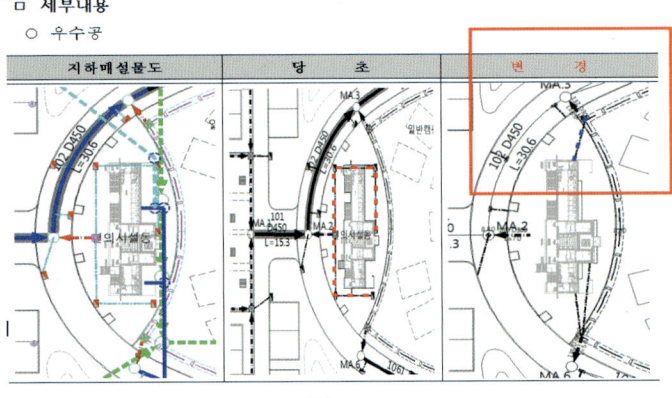

<그림5-62>

⑥ 다음과 같이 파란선이 생깁니다.

⑦ 같은 방법 또는 복사 및 붙여넣기 "Ctrl + C,V"를 통해 아래 선을 그려줍니다.

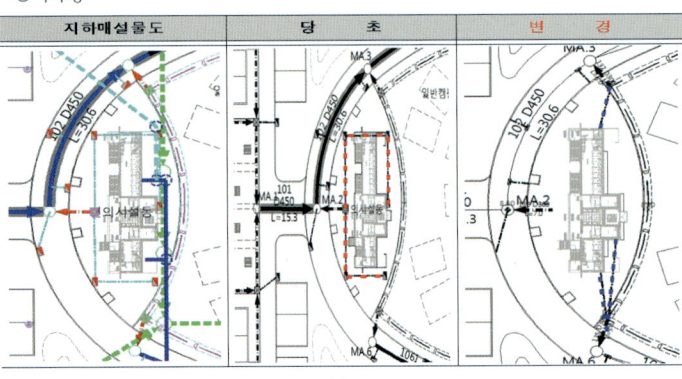

<그림5-63>

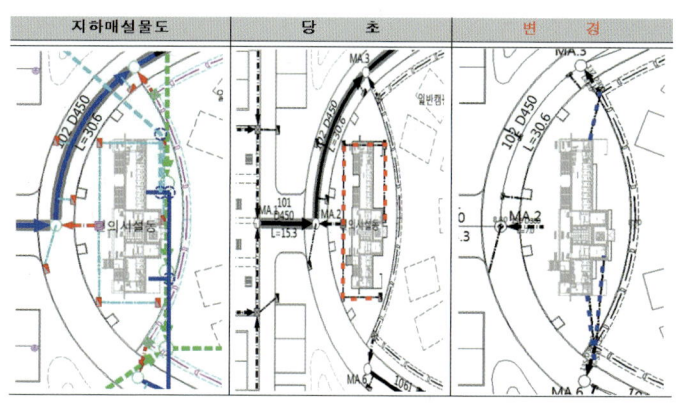

41. [주요내용 넣기]
① "Ctrl + C,V"로 주요내용을 적어 넣습니다.

○ 주요내용
- 편의시설동 A/B/C 출입구부분 오수, 상수, 전기, 소방 라인 매설로 빗물받이

<그림5-64>

○ 주요내용
- 편의시설동 A/B/C 출입구부분 오수, 상수, 전기, 소방 라인 매설로 빗물받이 설치 불가
- 건물 선흠통에 맞춰 3개소 PE집수정 설치 및 우수관 위치 변경

○ 단가비교                    (단위:천원)

<그림5-65>

41. [단가비교표 만들기]
① "Ctrl + C,V"로 "단가비교", "단위"를 넣습니다.

<그림5-66>

② 아래줄로 이동하여
"Ctrl + N,T"를 차례로 입력합니다.
표 만들기 창에서
줄수"3", 칸수"6"을 입력하고
③ "Alt + D"를 입력합니다.

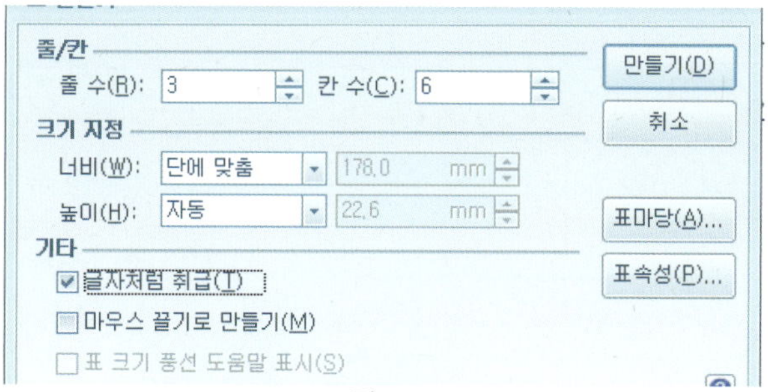

○ 단가비교                    (단위:천원)

<그림5-67>

④ 다음과 같이 결과가 나옵니다.

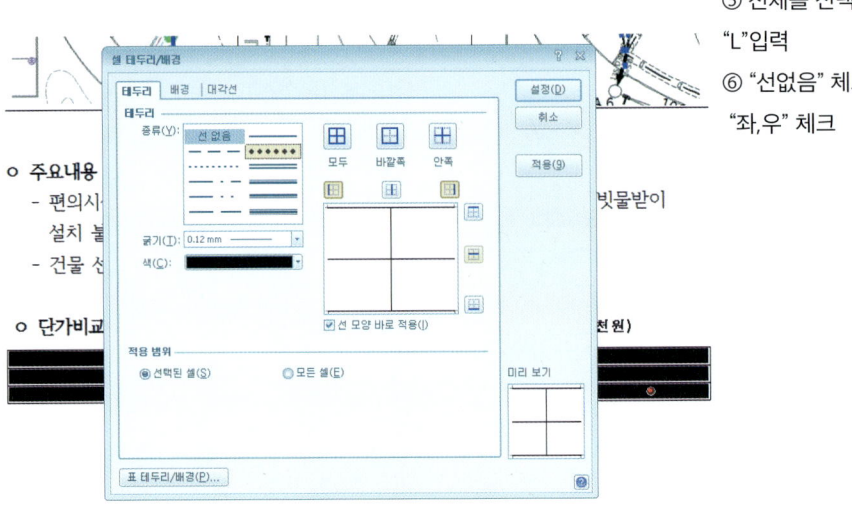

⑤ 전체를 선택한 다음 "L"입력
⑥ "선없음" 체크
    "좌,우" 체크

<그림5-68>

⑦ 좌, 우 선이 없어 집니다.

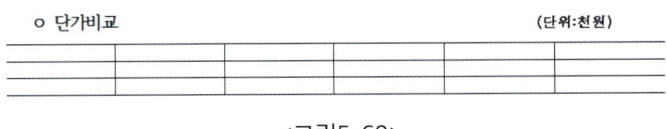

<그림5-69>

⑧ 전체 선택후 "L" 입력
⑨ 선종류 "직선" 선택
   굵기 " 0.7mm" 선택
   "아래, 우" 선 선택

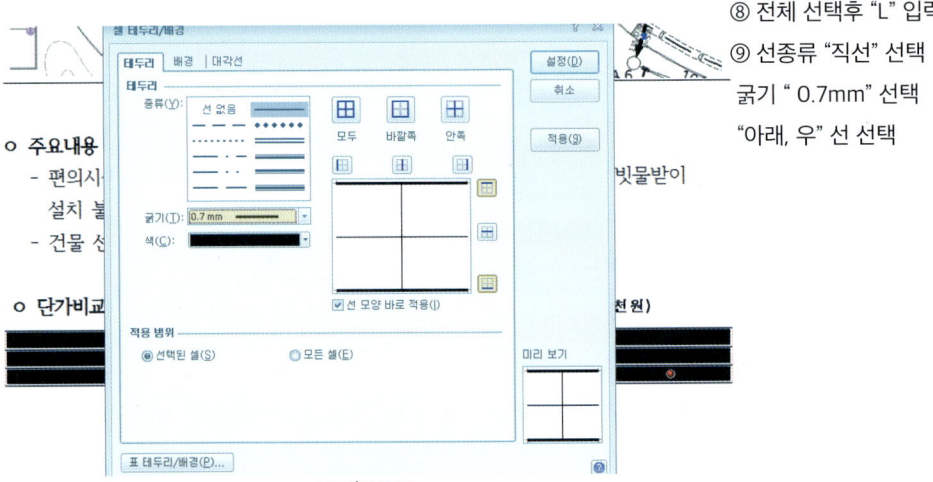

<그림5-70>

⑩ 아래 위로 진하게 넣기

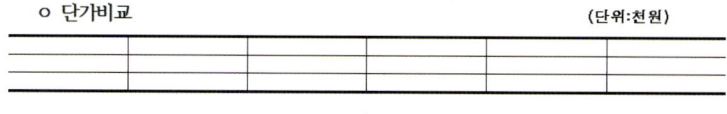

<그림5-71>

⑪ 가운데 선택 후 글자크기 "1"로 변경

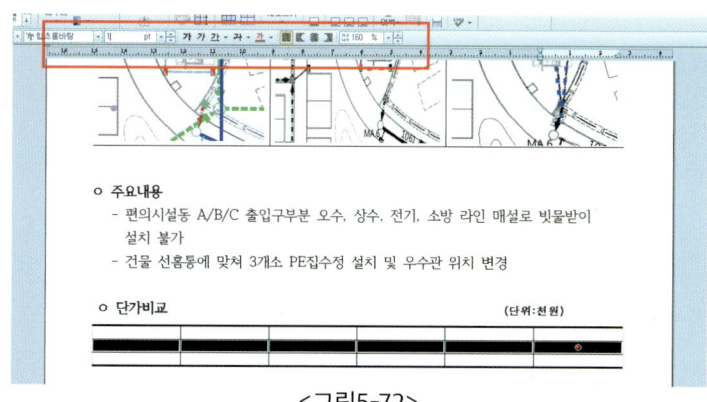

<그림5-72>

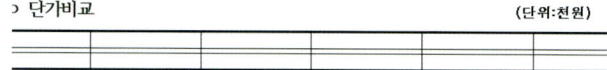

<그림5-73>

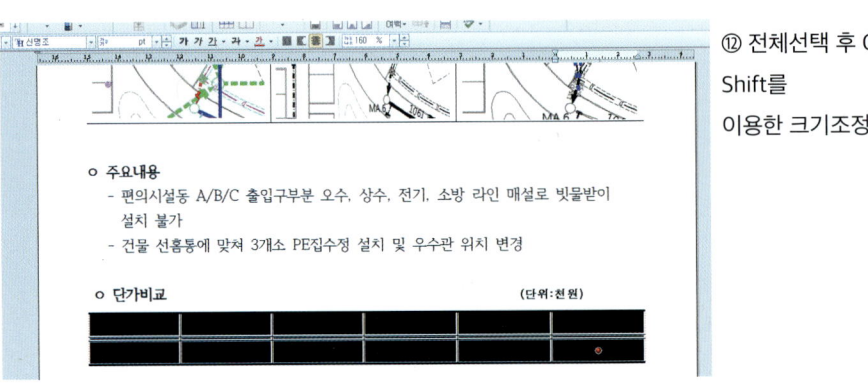

<그림5-74>

⑫ 전체선택 후 Ctrl, Alt, Shift를 이용한 크기조정

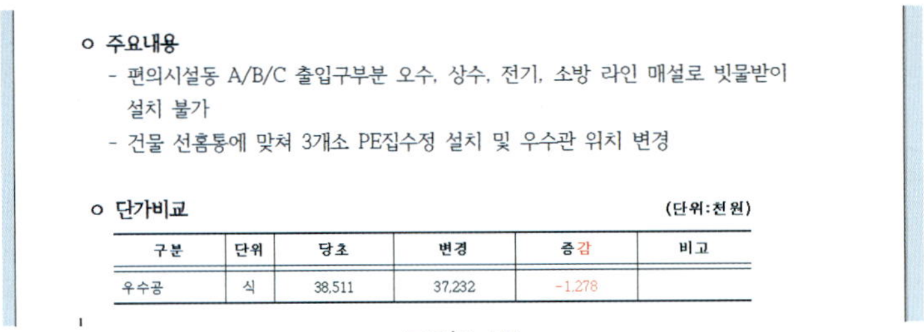

<그림5-75>

⑬ 내용넣기

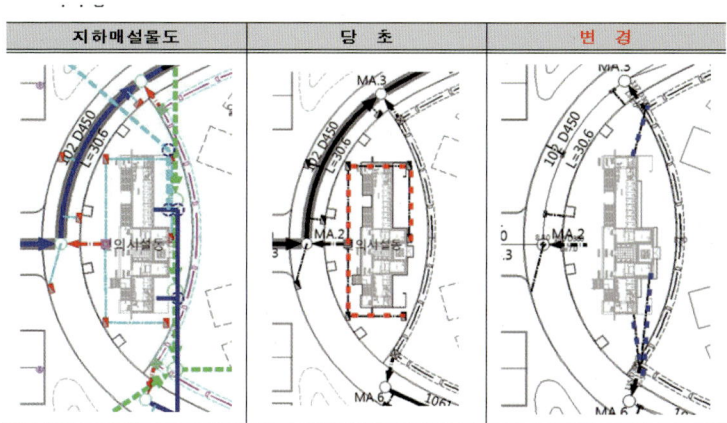

42. 세부내용 완성

○ 주요내용
- 편의시설동 A/B/C 출입구부분 오수, 상수, 전기, 소방 라인 매설로 빗물받이 설치 불가
- 건물 선홈통에 맞춰 3개소 PE집수정 설치 및 우수관 위치 변경

○ 단가비교　　　　　　　　　　　　　　　　　　(단위:천원)

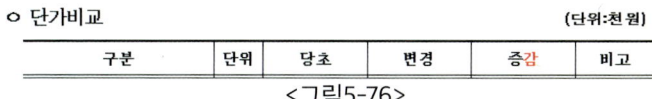

<그림5-76>

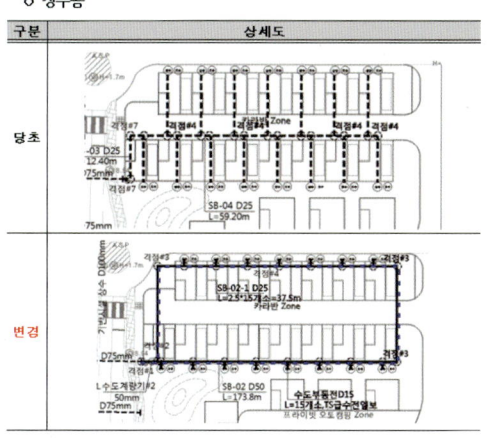

43. 상기와 같은 방법으로 나머지 세부내용을 작성합니다.

○ 주요내용
- 직열연결시 상수도 사용자 과다시 수압저하 우려
- 환상형으로 변경하여 상수 자재비 절감 및 수압저하 우려 해소

○ 단가비교　　　　　　　　　　　　　　　　　　(단위:천원)

| 구분 | 단위 | 당초 | 변경 | 증감 | 비고 |
| --- | --- | --- | --- | --- | --- |

<그림5-77>

## <그림5-78>

□ 세부내용
　○ 조경 포장공

| 구분 | 상세도 | |
|---|---|---|
| 내용 | 고운쇄석포장 | 인접대지 중첩 경계석 삭제 |
| 당초 | | |
| 변경 | | |

○ 주요내용
- 200mm 고운쇄석포장시 차량 헛바퀴돌림으로 차량이동에 제한발생 우려
- 하부를 혼합석 다짐으로 고정하고 상부에 고운쇄석포장시행(T70)
- 오수처리장, 기타녹지 공사에 따른 경계석 중첩부분 삭제(180m)

○ 단가비교 (단위:천원)

| 구분 | 단위 | 당초 | 변경 | 증감 | 비고 |
|---|---|---|---|---|---|
| 고운쇄석포장 | 식 | 57,462 | 43,628 | -13,834 | |
| 경계석 | 식 | 61,912 | 59,879 | -2,033 | |
| 소계 | | 119,374 | 103,506 | -15,867 | |

## <그림5-79>

□ 세부내용
　○ 오수, 상수 부속자재

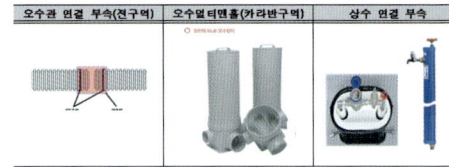

| 오수관 연결 부속(전구역) | 오수멀티맨홀(카라반구역) | 상수 연결 부속 |
|---|---|---|

○ 주요내용
- 오수관 연결부속 반영(고무링 개소당 2개, 연결소켓 1개 추가 필요)
- 카라반구역 오수관 노출형으로 설계되었으나, 소형멀티맨홀 사용시 덮개사용
  하부 오수연결 용이
- 상수도 계량기(6개소) 및 카라반구역 부동전 반영
- 상수도 배관 변경에 따른 엘보, 티, 이경소켓등 부속품 반영

○ 단가비교 (단위:천원)

| 구분 | 단위 | 당초 | 변경 | 증감 | 비고 |
|---|---|---|---|---|---|
| 부속자재 | 식 | - | 9,639 | 9,639 | |

## <그림5-80>

□ 세부내용
　○ 냉온풍기 설치에 따른 방열판 수량 조정

| 구분 | 상세도 |
|---|---|
| 당초 | |
| 변경 | |

○ 주요내용
- 당초 편의시설 내부 겨울철 동파방지를 위한 방열판 설치로 설계됨
- 샤워실 방열판(2개소)는 유지하고 나머지 공간은 냉온풍기로 교체
- 관리사무실에서 통합관리할 수 있는 중앙관리시스템 포함

○ 단가비교 (단위:천원)

| 구분 | 단위 | 당초 | 변경 | 증감 | 비고 |
|---|---|---|---|---|---|
| 방열판 수량조정 (18대 → 6대) | 식 | 9,864 | 2,284 | -7,580 | |

## <그림5-81>

□ 세부내용
　○ 관급자재 변경

| 맨홀뚜껑(차도용) | 조달가격 변경 | 관리사무실 내벽 삭제 |
|---|---|---|

○ 주요내용
- 원가절감을 위한 맨홀뚜껑(보도용→차도용) 변경
- 설계시점과 발주시점 차이에 의한 조달가격 변경에 따른 조정
  (PVC이중벽관, 인조화강석블럭, 철근등)
- 관리사무실과 매표소 내벽 설치 보류에 따른 창호(AW-1) 1개소 삭제
- 방열기에서 냉난방기 설치 변경에 따른 물량 변경
- 우수, 상수, 포장등 계획변경에 따른 물량 변경

○ 단가비교 (단위:천원)

| 구분 | 단위 | 당초 | 변경 | 증감 | 비고 |
|---|---|---|---|---|---|
| ▶토목부분 (맨홀뚜껑, 조달가격변경외) | 식 | 163,100 | 157,200 | -5,900 | |
| ▶토공부분 (조달가격변경외) | 식 | 151,600 | 144,380 | -7,220 | |
| ▶건축부분 (조달가격변경외) 도급자관급 | 식 | 92,464 | 100,490 | 8,026 | 롤은상승 |
| ▶건축부분 (창호 1개 삭제) 관급자관급 | 식 | 26,787 | 26,275 | -512 | |
| ▶기계부분 (냉난방기추가설치) | 식 | 10,340 | 32,600 | 22,260 | |
| 소계 | | 119,374 | 96,310 | -874 | |

## II 공사비 증감 대비표

□ 설계변경 증감

| 비 목 | 당초 | 변경 | 증감 | 비고 |
|---|---|---|---|---|
| 직접재료비 | 76,621,671 | 66,856,552 | -9,765,119 | |
| [소 계] | 76,621,671 | 66,856,552 | -9,765,119 | |
| 직접노무비 | 92,828,649 | 86,159,977 | -6,668,672 | |
| 간접노무비 | 10,489,637 | 9,736,076 | -753,561 | |
| [소 계] | 103,318,286 | 95,896,053 | -7,422,233 | |
| 운반비 | | | | |
| 기계경비 | 7,709,542 | 8,362,183 | 652,641 | |
| 산재보험료 | 4,029,412 | 3,739,945 | -289,467 | |
| 고용보험료 | 898,868 | 834,295 | -64,573 | |
| 퇴직공제부금비 | 2,135,058 | 1,981,678 | -153,380 | |
| 건강보험료 | 1,578,086 | 1,464,719 | -113,367 | |
| 연금보험료 | 2,311,433 | 2,145,382 | -166,051 | |
| 노인장기요양보험료 | 103,363 | 95,938 | -7,425 | |
| 공사이행보증수수료 | | | | |
| 건설하도급대금보증수수료 | 143,498 | 130,715 | -12,783 | |
| 건설기계대여대금보증수수료 | 124,011 | 112,964 | -11,047 | |
| 산업안전보건관리비 | 3,151,775 | 7,945,549 | 4,793,774 | |
| 기타경비 | 11,156,276 | 10,090,660 | -1,065,616 | |
| 환경보전비 | 885,798 | 806,892 | -78,906 | |
| [소 계] | 34,227,120 | 37,710,920 | 3,483,800 | |
| 계 | 214,167,077 | 200,463,525 | -13,703,552 | |
| 일반관리비 | 12,850,023 | 12,027,810 | -822,213 | |
| 이 윤 | 22,382,900 | 21,768,665 | -614,235 | |
| 건설폐기물처리비 | | | | |
| 설계비 | | | | |
| 공급가액 | 249,400,000 | 234,260,000 | -15,140,000 | |
| 부가가치세 | 24,940,000 | 23,426,000 | -1,514,000 | |
| 도급금액 | 274,340,000 | 257,686,000 | -16,654,000 | |
| 관급자재비(도급자) | 407,164,000 | 402,070,000 | -5,094,000 | |
| 관급자재비(관급자) | 37,127,000 | 58,875,000 | 21,748,000 | |
| 총공사비 | 718,631,000 | 718,631,000 | | |

*. 총공사비 증감 없음

<그림5-82>

44.[공사비 증감 대비표]
※ 상기와 같은 방법으로 공사비 증감 대비표를 보지 않고 작성해 보시기 바랍니다.
※ 단축키를 사용하는 것이 업무효율에 많은 도움이 되므로 단축키 활용을 잘하시기 바랍니다.

# 02 재료 비교표 만들기

<그림5-83>

1. 빈문서 열고 쪽편집 클릭

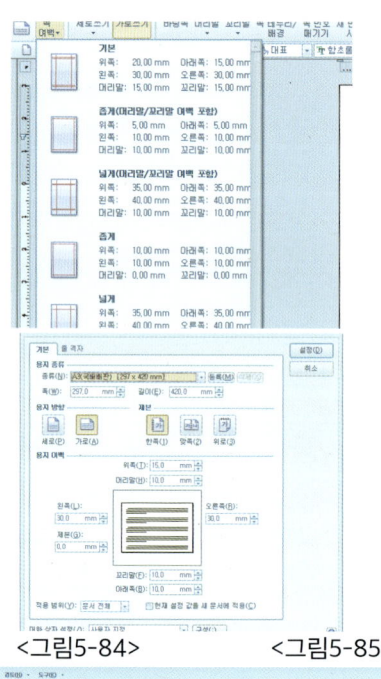

<그림5-84>    <그림5-85>

2. 쪽 여백 설정 클릭
(단축키 : F7)

3. 쪽 여백 설정
 - 종류 : A3(297 X 420mm)
 - 용지방향 : 가로
 - 제본 : 한쪽
 - 용지여백 : 15,10,30,30,10,10

<그림5-86>

4. 재목 만들기
 - "재＿＿료＿＿비＿＿교＿＿표" 입력
 (글짜 마다 2칸씩 뛰우기)
 - 글씨체 : 굴림체
 - 글자크기 : 24
 - 진하게 체크
 - 하단줄무늬 체크
 - 정렬 : 중간

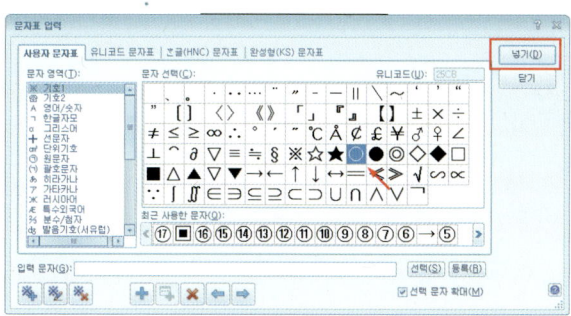
<그림5-87>

5. 아래칸에 "○"문자표 넣기
(단축키 Ctrl+F10)

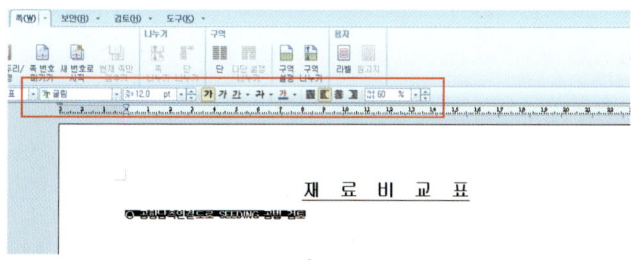
<그림5-88>

6. 부제 만들기
 - 입력 : "공항남측연결도로 SEEDING 공법 검토"
 - 글씨체 : 굴림체
 - 글자크기 : 12
 - 진하게 체크
 - 정렬 : 좌측정렬
 - 줄간격 : 60%

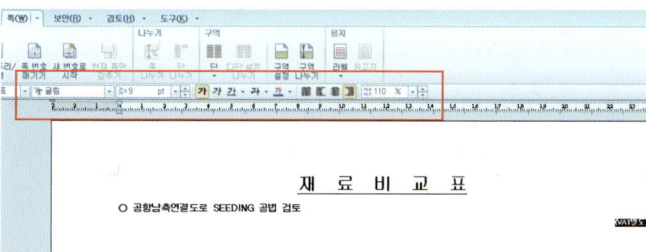
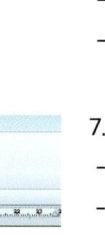
<그림5-89>

7. 부제 만들기
 - 입력 : VAT별도
 - 글씨체 : 굴림체
 - 글자크기 : 9
 - 진하게 체크
 - 정렬 : 우측정렬
 - 줄간격 : 110%

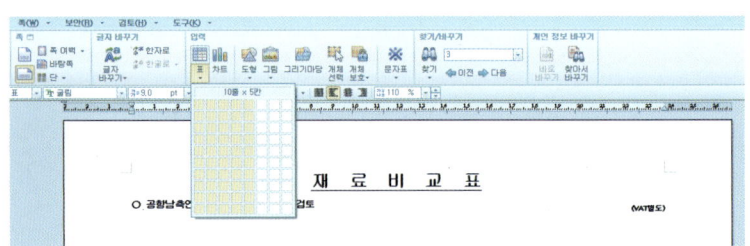

<그림5-90>

8. 표만들기
   - 세로 10칸 X 가로 5칸 만들기
   (단축키 Ctrl+N+T)

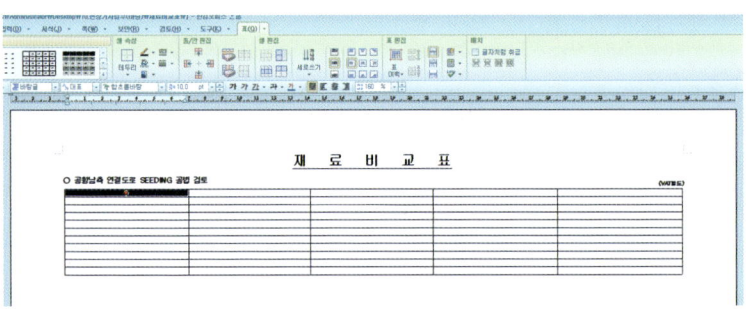

<그림5-91>

9. 표 좌측 상단에 커서를 이동하여 클릭
   F5 2번+ END + Page down 을 누릅니다.

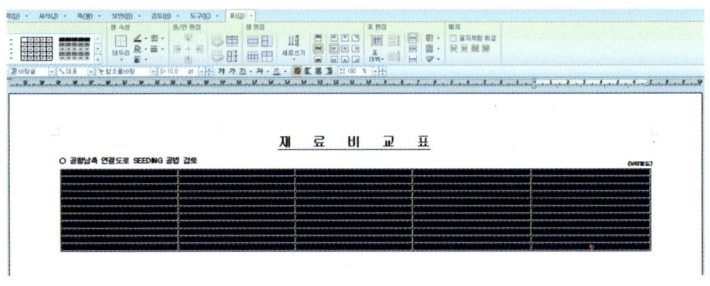

<그림5-92>

10. 좌측과 같이 전체 선택이 되면 Ctrl, Alt, Shift를 이용하여 크기를 조정합니다.

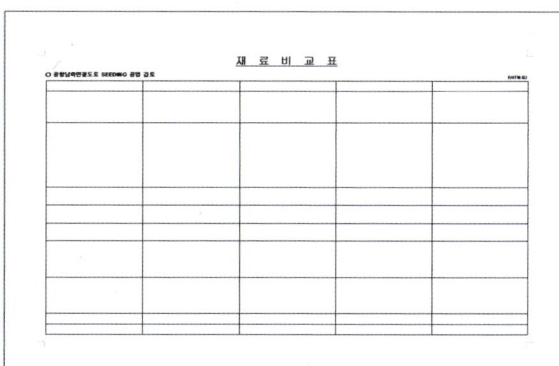

11. 셀크기 조정 완료
   <표내부>
   - 글씨체 : 새굴림
   - 글자크기 : 11~9
   - 정렬 : 좌측정렬,중간정렬

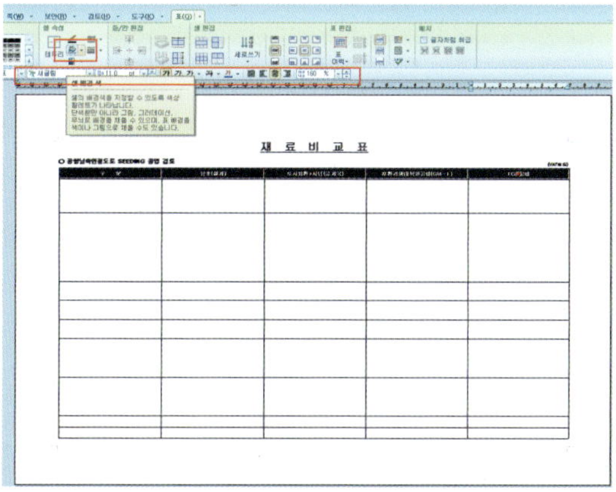

<그림5-93>

12. 첫째줄을 선택하고
   - 내용입력
   - 글씨체 : 굴림체
   - 글자크기 : 11
   - 진하게 체크
   - 정렬 : 가운데정렬
   - 배경색 : 회색

<그림5-94>

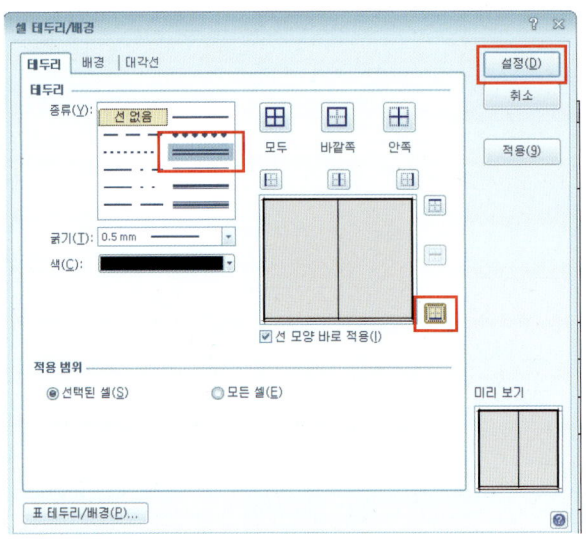

13. 정렬이 완료되면 셀 테두리를 변경합니다.
(단축키 "L"입력)
- 선모양 : 아래두줄
- 굵기 : 0.5mm
- 선선택 : 아래쪽
- 설정(D) 선택

<그림5-95>

재 료 비 교 표

○ 공항남측연결도로 SEEDING 공법 검토 (VAT별도)

| 구 분 | 당초(설계) | 토사치환+시딩(금계국) | 친환경생태복원공법(GM-Ⅰ) | EGR공법 |
|---|---|---|---|---|
| | | | | |
| | | | | |
| | | | | |
| | | | | |
| | | | | |
| | | | | |

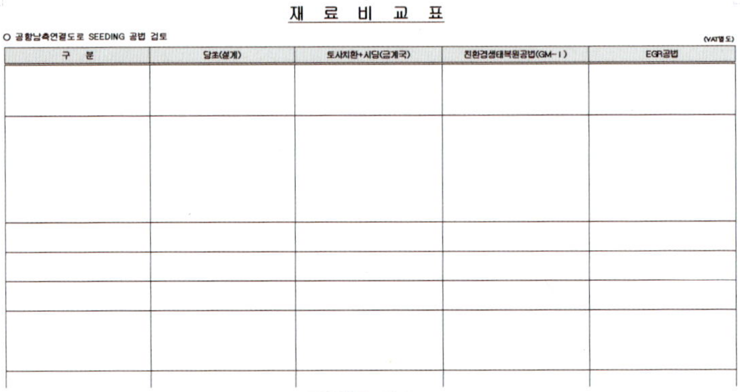

<그림5-96>

<그림5-97>

14. 잔여 내용과 그림을 입력하고 마무리 합니다.
(내용 : 공법, 사진, 설계가, 총공사비, 적용내용, 장점, 단점, 적용사례, 적용(현장 의견))

Point 내가 원하는 공법에 장점을 많이 쓰고, 단점을 줄이는 것이 향후 채택될 확률이 높을 것입니다.

(LST조경수첩 카페에 샘플이 있습니다. 참고하세요)

# 03 자주 사용하는 단축키 익히기

| 단축키 | 설 명 | 단축키 | 설 명 | 단축키 | 설 명 |
|---|---|---|---|---|---|
| Ctrl+S | 저장 | Alt+L | 글자모양 | 표선택+M | 셀합치기 |
| Ctrl+C | 복사 | Alt+T | 문단모양 | 표선택+L | 셀테두리/배경 |
| Ctrl+V | 붙여넣기 | Alt+V | 다른이름저장 | 표선택+P | 표/셀 속성 |
| Ctrl+F10 | 문자표 | Alt+P | 인쇄 | 표선택+A | 자동채우기 |
| Ctrl+E | 지우기 | Alt+Insert | 줄/칸추가 | 표선택+S | 셀나누기 |
| Ctrl+P | 프린터 설정 | | | 표선택+H | 셀높이 맞추기 |
| Ctrl+Z | 되돌리기 | F5 | 블럭지정 | 표선택+W | 셀 이 맞추기 |
| Ctrl+X | 잘라내기 | F5+F5 | 블럭전체지정 | | |
| Ctrl+N+T | 표만들기 | F6 | 스타일 | | |
| Ctrl+N+I | 그림삽입 | F7 | 편집용지설정 | | |
| Ctrl+Shift+Z | 되돌린작업 원상회복 | | | | |

# 07

## 실정보고 작성방법

1. 실정보고 작성방법(예시)

# 01 실정보고 작성방법

## 1. 실정보고(현황보고)의 개념

### 1) 개요

실정보고란, 설계도서와 다르게 변경이 발생하였을 경우 변경도면과 사유서, 개략공사비를 산출하여 공사 투입전 감독에서 우선 승인을 득하고 작업투입하기 위한 절차입니다. 이후, 실정보고 건을 모아서 설계변경이 이루어 집니다.

### 2) 설계도서의 구성

- 설계도, 시방서, 특기시방서, 설계내역서

### 3) 설계내역서의 구성

- 원가계산서, 내역서, 일위대가목록, 일위대가표, 수량산출서, 장비일위대가 산근(산출근거), 자재조서, 노임단가, 중기사용료, 실적단가표

### 4) 실정보고 서류 구성

① 실정보고 보고서
② 실정보고 당초/변경 도면
③ 실정보고 내역서(원가계산서, 당초/변경 내역서, 일위대가목록, 일위대가표)

### 5) 실정보고 절차(현장에 따라 공사팀에서 시행)

## 2. 실정보고 작성방법(예시)

### 1) 보고서

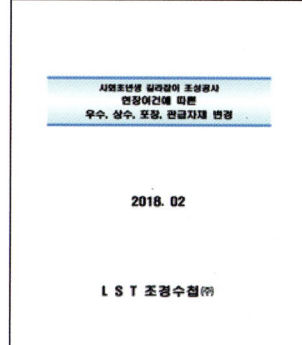
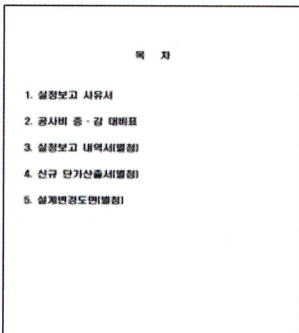
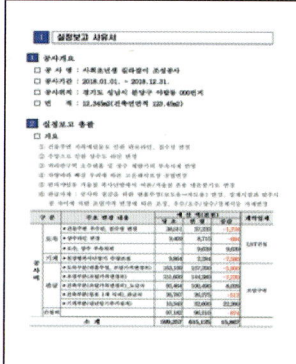
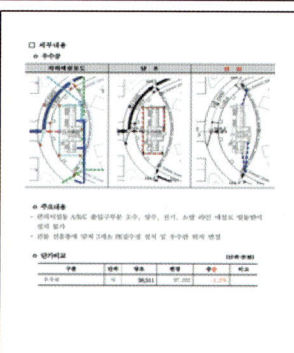
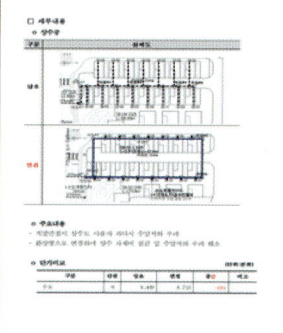
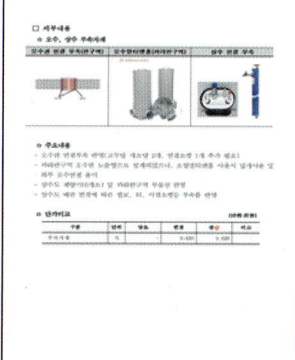
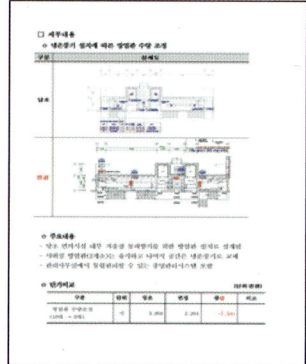
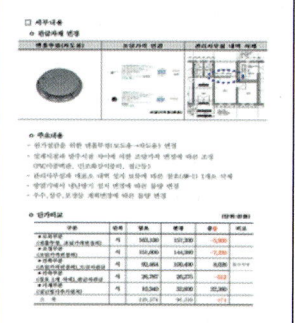

<그림9-175>

## 2) 도면

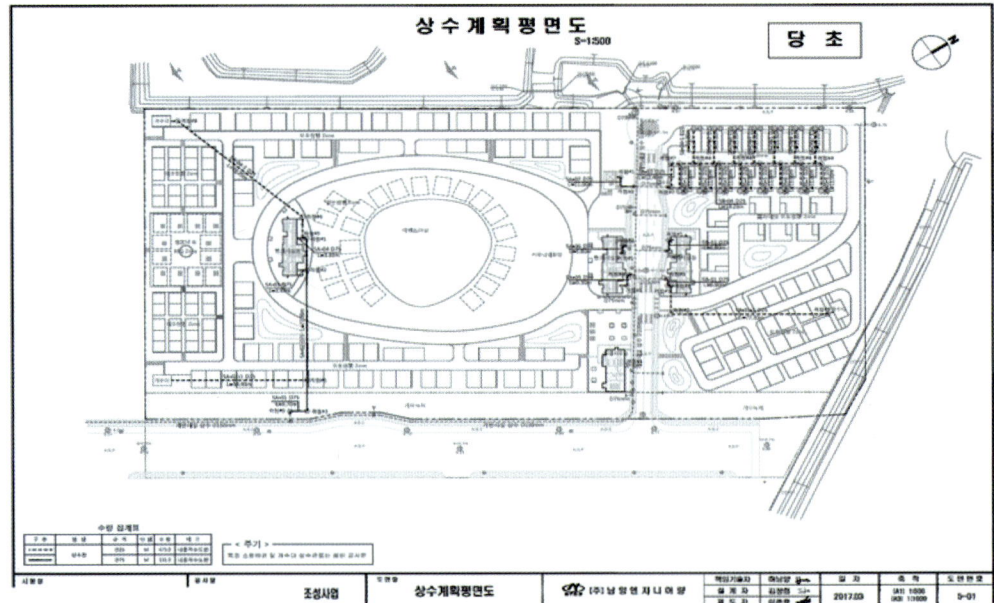

<그림9-176>

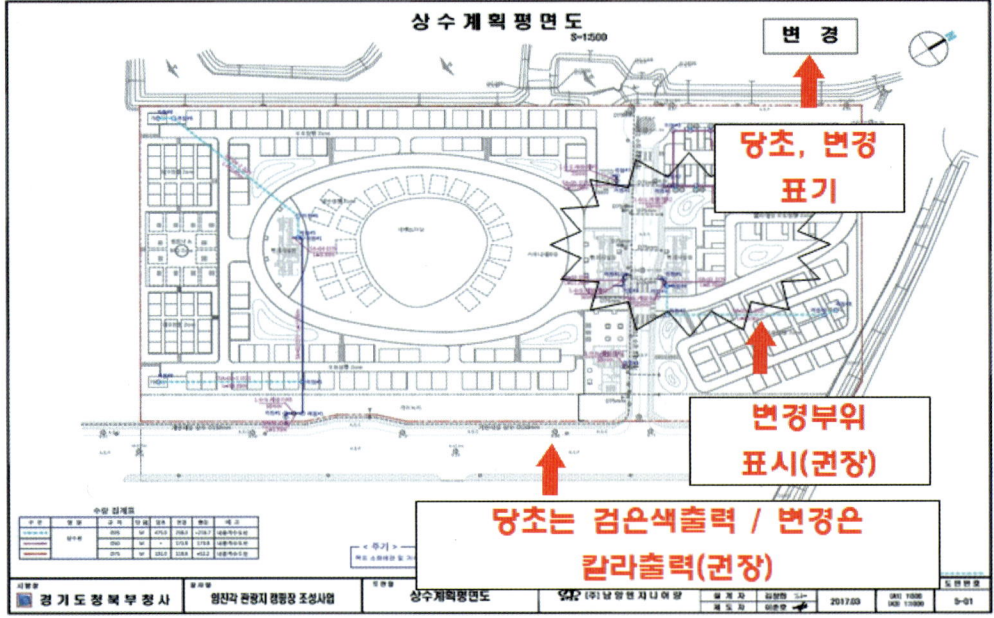

<그림9-177>

## 3) 내 역 서

① 원가내역서

공 사 명 : 사회초년생 길라잡이 조성공사

| 비목 | | | 당초 건축공사 | 당초 토목공사 | 당초 조경공사 | 당초 설비공사 | 당초 합계 | 변경 건축공사 | 변경 토목공사 | 변경 조경공사 | 변경 설비공사 | 변경 합계 | 증감 건축공사 | 증감 토목공사 | 증감 조경공사 | 증감 설비공사 | 증감 합계 | 비고 |
|---|---|---|---|---|---|---|---|---|---|---|---|---|---|---|---|---|---|---|
| 순공사원가 | 재료비 | 직접재료비 | | 7,748,936 | 59,016,315 | 9,864,420 | 76,621,671 | - | 17,849,025 | 46,723,135 | 2,284,392 | 66,856,552 | | 10,100,089 | -12,293,180 | -7,580,028 | -9,765,119 | |
| | | 간접재료비 | | | | | - | | | | | - | | | | | | |
| | | 작업설.부산물등(△) | | | | | - | | | | | - | | | | | | |
| | | 소계 | - | 7,748,936 | 59,016,315 | 9,864,420 | 76,621,671 | - | 17,849,025 | 46,723,135 | 2,284,392 | 66,856,552 | | 10,100,089 | -12,293,180 | -7,580,028 | -9,765,119 | |
| | 노무비 | 직접노무비 | | 35,461,054 | 57,367,595 | | 92,828,649 | - | 33,484,129 | 52,675,848 | - | 86,159,977 | | -1,976,925 | -4,691,747 | | -6,668,672 | |
| | | 간접노무비 | - | 4,007,099 | 6,482,538 | - | 10,489,637 | - | 3,783,706 | 5,952,370 | - | 9,736,076 | | -223,393 | -530,168 | | -753,561 | |
| | | 소계 | - | 39,468,153 | 63,850,133 | - | 103,318,286 | - | 37,267,835 | 58,628,218 | - | 95,896,053 | | -2,200,318 | -5,221,915 | | -7,422,233 | |
| | 경비 | 운반비 | | | | - | - | - | | | - | - | | | | | | |
| | | 기계경비 | | 4,718,872 | 2,990,670 | | 7,709,542 | - | 4,254,309 | 4,107,874 | - | 8,362,183 | | -464,563 | 1,117,204 | | 652,641 | |
| | | 산재보험료 | - | 1,539,257 | 2,490,155 | - | 4,029,412 | - | 1,453,445 | 2,286,500 | - | 3,739,945 | | -85,812 | -203,655 | | -289,467 | |
| | | 고용보험료 | - | 343,372 | 555,496 | - | 898,868 | - | 324,230 | 510,065 | - | 834,295 | | -19,142 | -45,431 | | -64,573 | |
| | | 퇴직공제부금비 | - | 815,604 | 1,319,454 | - | 2,135,058 | - | 770,134 | 1,211,544 | - | 1,981,678 | | -45,470 | -107,910 | | -153,380 | |
| | | 건강보험료 | - | 602,837 | 975,249 | - | 1,578,086 | - | 569,230 | 895,489 | - | 1,464,719 | | -33,607 | -79,760 | | -113,367 | |
| | | 연금보험료 | - | 882,980 | 1,428,453 | - | 2,311,433 | - | 833,754 | 1,311,628 | - | 2,145,382 | | -49,226 | -116,825 | | -166,051 | |
| | | 노인장기요양보험료 | - | 39,485 | 63,878 | - | 103,363 | - | 37,284 | 58,654 | - | 95,938 | | -2,201 | -5,224 | | -7,425 | |
| | | 공사이행보증수수료 | | | | | - | | | | | - | | | | | | |
| | | 건설하도급대금 지급보증서발급수수료 | - | 38,615 | 96,693 | 7,998 | 143,498 | - | 45,825 | 83,840 | 1,858 | 130,715 | | 6,218 | -12,853 | -6,140 | -12,783 | [illegible] |
| | | 건설기계대여대금 지급보증서발급수수료 | - | 33,544 | 83,562 | 6,905 | 124,011 | - | 38,911 | 72,454 | 1,599 | 112,964 | | 5,367 | -11,108 | -5,306 | -11,047 | |
| | | 산업안전보건관리비 | - | 803,557 | 2,164,740 | 183,478 | 3,151,775 | - | 3,612,905 | 4,290,155 | 42,489 | 7,945,549 | | 2,809,348 | 2,125,415 | -140,989 | 4,793,774 | |
| | | 기타경비 | - | 2,926,963 | 7,617,719 | 611,594 | 11,156,276 | - | 3,417,245 | 6,531,783 | 141,632 | 10,090,660 | | 490,282 | -1,085,936 | -469,962 | -1,065,616 | |
| | | 환경보전비 | - | 239,604 | 596,872 | 49,322 | 885,798 | - | 277,937 | 517,534 | 11,421 | 806,892 | | 38,333 | -79,338 | -37,901 | -78,906 | |
| | | 소계 | - | 12,984,890 | 28,302,941 | 859,289 | 34,227,128 | - | 15,634,409 | 21,877,520 | 198,991 | 37,710,929 | | 2,649,519 | 1,494,579 | -660,298 | 3,483,800 | |
| 계 | | | - | 68,193,979 | 143,249,389 | 10,723,789 | 214,167,077 | - | 78,751,269 | 127,228,873 | 2,483,383 | 208,463,525 | | 10,557,290 | -16,020,516 | -8,240,326 | -13,703,552 | |
| 일반관리비 | | | - | 3,611,638 | 8,594,963 | 643,422 | 12,850,023 | - | 4,245,076 | 7,633,732 | 149,002 | 12,027,810 | | 633,438 | -961,231 | -494,420 | -822,213 | |
| 이윤 | | | - | 8,394,383 | 13,855,648 | 132,869 | 22,382,900 | - | 8,563,655 | 13,217,395 | 47,615 | 21,768,665 | | 169,272 | -638,253 | -85,254 | -614,235 | |
| 건설폐기물처리비 | | | - | | | - | - | | | | - | - | | | | | | |
| 설계비 | | | | | | | | | | | | - | | | | | | |
| 공급가액 | | | - | 72,200,000 | 165,700,000 | 11,500,000 | 249,400,000 | - | 83,500,000 | 148,080,000 | 2,680,000 | 234,260,000 | | 11,300,000 | -17,620,000 | -8,820,000 | -15,140,000 | [illegible] |
| 부가가치세 | | | - | 7,220,000 | 16,570,000 | 1,150,000 | 24,940,000 | - | 8,350,000 | 14,808,000 | 268,000 | 23,426,000 | | 1,130,000 | -1,762,000 | -882,000 | -1,514,000 | |
| 도급금액 | | | - | 79,420,000 | 182,270,000 | 12,650,000 | 274,340,000 | - | 91,850,000 | 162,888,000 | 2,948,000 | 257,686,000 | | 12,430,000 | -19,382,000 | -9,702,000 | -16,654,000 | |
| 관급자재비(조경자재) | | | 92,464,000 | 163,100,000 | 151,600,000 | - | 407,164,000 | 100,490,000 | 157,200,000 | 144,380,000 | | 402,070,000 | 8,026,000 | -5,900,000 | -7,220,000 | | -5,094,000 | |
| 관급자재비(전기자재) | | | 26,787,000 | | | 10,340,000 | 37,127,000 | 26,275,000 | | | 32,600,000 | 58,875,000 | -512,000 | | | 22,260,000 | 21,748,000 | |
| 총공사비 | | | 119,251,000 | 242,520,000 | 333,870,000 | 22,990,000 | 718,631,000 | 126,765,000 | 249,050,000 | 307,268,000 | 35,548,000 | 718,631,000 | 7,514,000 | 6,530,000 | -26,602,000 | 12,558,000 | | |

<그림9-178>

가. 작성방법

- 변경 내역 요율은 각 현장별 당초 도급내역서에 명기된 요율을 동일하게 적용한다.
- 당초, 변경, 증감을 표현한다.

TIP

**관급자재비는 안전관리비에 포함되므로 산식 확인을 철저히 하셔야 합니다.**

## ② 내역서

<그림9-179>

### 가. 작성방법

- 당초/변경을 좌우로 작성하는 방법과, 상하로 작성하는 방법이 있다.
- 당초에 재료비, 노무비, 경비는 작성은 하되 숨기기 형식으로 안보이게 한다.(추후 원가관리산출 또는 설계변경시 유용하게 쓰임)
- 소계는 다양한 색상 또는 굵기로 표시해 두면 검산시 유용히 활용 가능하다.
- 초보의 많은 실수는 소계(sum함수)에 산식을 잘 못 걸어서 금액이 틀려지는 경우가 많으니 꼭 마지막 제출전 검수를 하시기 바랍니다.

> **TIP**
>
> 발주처별 양식이 틀리니 꼭 기존 작성분을 확인하시기 바랍니다.

③ 일위대가

일 위 대 가

| 호표 | 공종명 | 규격 | 수량 | 단위 | 재료비 단가 | 재료비 금액 | 노무비 단가 | 노무비 금액 | 경비 단가 | 경비 금액 | 합계 단가 | 합계 금액 | 비고 |
|---|---|---|---|---|---|---|---|---|---|---|---|---|---|
| 제1호표 | 고운쇄석포장 | ∮10-20, 홍합 비T150+비T70 | 1 | ㎡ | | | | | | | | | |
| | 원지반다짐 | | 1 | ㎡ | 35 | 35 | 214 | 214 | 40 | 40 | 289 | 289 | 산근#27 |
| | 혼합 골재 | A급 기층용 도착도 | 0.156 | ㎡ | 16,000 | 2,496 | - | - | - | - | 16,000 | 2,496 | 자재120 |
| | 보조기층 포설공 | 인력식 소규모장비시공 | 0.15 | ㎡ | 1,457 | 218 | 5,795 | 869 | 1,257 | 188 | 8,509 | 1,275 | 기초13호표 |
| | 쇄석자갈 | #87 Ø19mm | 0.0832 | ㎡ | 23,000 | 1,913 | - | - | - | - | 23,000 | 1,913 | 자재119 |
| | 자갈 및 모래깔기공 | 되메우기 준용 | 0.08 | ㎡ | - | - | 10,262 | 820 | - | - | 10,262 | 820 | 기초9호표 |
| | 계 | | | | | 4,662 | | 1,903 | | 228 | | 6,793 | |
| | 낙찰율 | 86.746% | | | | 4,044 | | 1,650 | | 197 | | 5,891 | |
| 제2호표 | 고강성PVC이중벽관 이음관 | D200mm, 고무링포함 | 1 | 개소 | | | | | | | | | |
| | 고강성PVC이중벽관 이음관 | D200mm | 1 | 개소 | 20,460 | 20,460 | - | - | - | - | 20,460 | 20,460 | |
| | 고무링 | | 1 | 개소 | 1,120 | 1,120 | - | - | - | - | 1,120 | 1,120 | |
| | 계 | | | | | 21,580 | | | | | | 21,580 | |
| | 낙찰율 | 86.746% | | | | 18,719 | | | | | | 18,719 | |
| 제3호표 | MULTI소형맨홀 | 카라반용 | 1 | 개소 | | | | | | | | | |
| | MULTI소형맨홀 | 오수받이 | 1 | 개소 | 169,000 | 169,000 | - | - | - | - | 169,000 | 169,000 | |
| | 계 | | | | | 169,000 | | | | | | 169,000 | |
| | 낙찰율 | 86.746% | | | | 146,600 | | | | | | 146,600 | |
| 제4호표 | 상수도 부속자재 | 계량기, 부동전외 18품 | 1 | 식 | | | | | | | | | |
| | 내충격수도관(소켓) | D25 | 65 | EA | 6,500 | 422,500 | - | - | - | - | 6,500 | 422,500 | |
| | 90도 엘보 | HI-GP D75X90 | 16 | EA | 63,400 | 1,014,400 | - | - | - | - | 63,400 | 1,014,400 | |

<그림9-180>

## 가. 작성방법

- 한 개의 공정을 시공하기 위한 세부 기초공정의 집합
- 고운쇄석포장을 위해서는 원지반다짐→혼합골재 포설→쇄석자갈 깔기로 구성됨.
  이 공정을 하기위한 세부 기초공정을 나열함.
- 낙찰율이란, 모든 설계는 설계가를 우선 산출한 다음 우리현장 단가에 적용하는 것으로
  예를 들어 도급낙찰율이 87.145%이면 설계가x87.145%를 적용하여 도급금액에
반영하는 것임
- 다만, 낙찰율이 너무 저조하여 설계가에 낙찰율을 곱하였을 때 단가로 작업이 불가할
경우는 『지방자치단체를 위한 계약에 의한 법률 0조0항』에 의거하여 변경 공정에 대해
협의요율로 진행할 수 있도록 하였음.
- "통상 도급사 요구 낙찰율은 100%를 넘지 못함."

> **TIP**
>
> 1. 비고란에 각공정별 근거를 표현해야됨
>    (ex.자재120→자재비산출에서 120번 항목)
> 2. 낙찰율은 도급 100%요구, 발주처 90%요구 → 중간선인 95%에 결정이 많음

⑤ 자재단가

| 자재 명칭 | 규격 | 단위 | 적용단가 | 유통물가 Page | 유통물가 단가 | 거래가격 Page | 거래가격 단가 | 물가정보 Page | 물가정보 단가 | 물가자료 Page | 물가자료 단가 | 견적 업체명 | 견적 단가 | 견적 업체명 | 견적 단가 | 견적 업체명 | 견적 단가 | 비고 |
|---|---|---|---|---|---|---|---|---|---|---|---|---|---|---|---|---|---|---|
| 고강성PVC이중벽관 이중관 | 0200mm | EA | 20,460 | 321 | 20,460 | 300 | 22,097 | | | 386 | 23,529 | | | | | | | |
| 고무링 | | EA | 1,120 | 115 | 1,120 | 94 | 1,210 | | | 180 | 1,288 | | | | | | | |
| MULTI 소형맨홀 | | EA | 169,000 | 278 | 169,000 | 257 | 182,520 | | | 343 | 194,350 | | | | | | | |
| PE빗물받이(그레이팅 포함) | 300*400*600 | EA | 47,000 | 654 | 47,000 | 633 | 50,760 | | | 719 | 54,050 | | | | | | | |
| 내충격수도관(소켓) | 025 | EA | 6,500 | 112 | 6,500 | 91 | 7,020 | | | 177 | 7,475 | | | | | | | |
| 90도 엘보 | HI-GP D75X90 | EA | 63,400 | 152 | 63,400 | 131 | 68,472 | | | 217 | 72,910 | | | | | | | |
| 90도 엘보 | HI-GP D50X90 | EA | 17,800 | 152 | 17,800 | 131 | 19,224 | | | 217 | 20,470 | | | | | | | |
| 90도 엘보 | HI-GP D25X90 | EA | 8,100 | 152 | 8,100 | 131 | 8,748 | | | 217 | 9,315 | | | | | | | |
| 45도 엘보 | HI-GP D25X45 | EA | 8,100 | 152 | 8,100 | 131 | 8,748 | | | 217 | 9,315 | | | | | | | |
| 계량기 | DCIP D50mm | EA | 273,500 | 152 | 273,500 | 131 | 295,380 | | | 217 | 314,525 | | | | | | | |
| 계량기 | DCIP D25mm | EA | 88,600 | 152 | 88,600 | 131 | 95,688 | | | 217 | 101,890 | | | | | | | |
| 티 | HI-GP D75X50 | EA | 82,300 | 154 | 82,300 | 133 | 88,884 | | | 219 | 94,645 | | | | | | | |
| 티 | HI-GP D50X50 | EA | 18,700 | 154 | 18,700 | 133 | 20,196 | | | 219 | 21,505 | | | | | | | |
| 티 | HI-GP D50X25 | EA | 18,000 | 154 | 18,000 | 133 | 19,440 | | | 219 | 20,700 | | | | | | | |
| 티 | HI-GP D25X25 | EA | 8,800 | 154 | 8,800 | 133 | 9,504 | | | 219 | 10,120 | | | | | | | |
| 소켓 | HI-GP D25mm | EA | 6,200 | 154 | 6,200 | 133 | 6,696 | | | 219 | 7,130 | | | | | | | |
| 이경소켓 | HI-GP D75X50 | EA | 82,300 | 156 | 82,300 | 135 | 88,884 | | | 221 | 94,645 | | | | | | | |
| 이경소켓 | HI-GP D50X25 | EA | 18,000 | 156 | 18,000 | 135 | 19,440 | | | 221 | 20,700 | | | | | | | |
| 이경소켓 | HI-GP D25X15 | EA | 9,000 | 156 | 9,000 | 135 | 9,720 | | | 221 | 10,350 | | | | | | | |
| 밸브소켓 | HI-GP D50mm | EA | 13,300 | 156 | 13,300 | 135 | 14,364 | | | 221 | 15,295 | | | | | | | |
| 밸브소켓 | HI-GP D25mm | EA | 6,200 | 156 | 6,200 | 135 | 6,696 | | | 221 | 7,130 | | | | | | | |
| 부동전 | D15mm | EA | 83,000 | 321 | 83,000 | 300 | 89,640 | | | 386 | 95,450 | | | | | | | |

<그림9-181>

### 가. 작성방법

- 자재단가 적용은 3가지 이상의 물가 또는 견적을 확인하고 가장 적은 가격을 적용하는 것임
- 통상적으로 매월 발표되는 물가정보, 물가자료, 거래가격, 유통물가의 4종류 도서를 활용함, 이 도서에 명기하지 않은 물품에 대해서는 견적을 3군데 받아 가장 적은 가격을 적용함.
- 적용할 자재에 대해 해당페이지와 가격을 명기하면 됨.
- 견적서 접수시 ① 수신처는 발주처명으로 하고 ② VAT는 별도 ③ 간접비 별도를 꼭 명기할 것.

> **TIP**
>
> 견적접수시 설계가 견적으로 받아 실행가를 잘 따져보아야 함
> (설계가 X 낙찰율 = 도급가, 도급가 X 하도급낙찰율 = 실행가)

⑥ 노임단가

| 명칭 | 규격 | 단위 | 단가 | 비고 |
|---|---|---|---|---|
| 형틀목공 | | 인 | 174,036 | |
| 철골공 | | 인 | 156,660 | |
| 철공 | | 인 | 156,492 | |
| 철근공 | | 인 | 170,033 | |
| 비계공 | | 인 | 180,153 | |
| 콘크리트공 | | 인 | 161,530 | |
| 배관공 | | 인 | 137,910 | |
| 도장공 | | 인 | 141,733 | |
| 착암공 | | 인 | 122,918 | |
| 조경공 | | 인 | 143,852 | |
| 작업반장 | | 인 | 128,126 | |
| 특별인부 | | 인 | 123,074 | |
| 보통인부 | | 인 | 102,628 | |
| 조경공 | | 인 | 143,852 | |
| 제도사 | | 인 | 132,819 | |
| 배관공(수도) | | 인 | 149,515 | |
| 용접공(일반) | | 인 | 157,183 | |
| 배관공 | 수도 | 인 | 149,515 | |
| 중급기술자 | 건설 | 인 | 194,687 | |
| 초급기술자 | 건설 | 인 | 152,187 | |

<그림9-182>

### 가. 작성방법

- 매년 상반기, 하반기 발표되는 건설임금을 적용함
- 건설임금, 표준품셈, 건설기계경비산출, 실적공사비 다운받는 법
(사이트 : http://www.cak.or.kr 대한건설협회)

> **TIP**
>
> 싸이트 접속이 힘들면, 물가정보등 물가지 전반부 또는 부록에 수록되어 있음

⑦ 수량산출

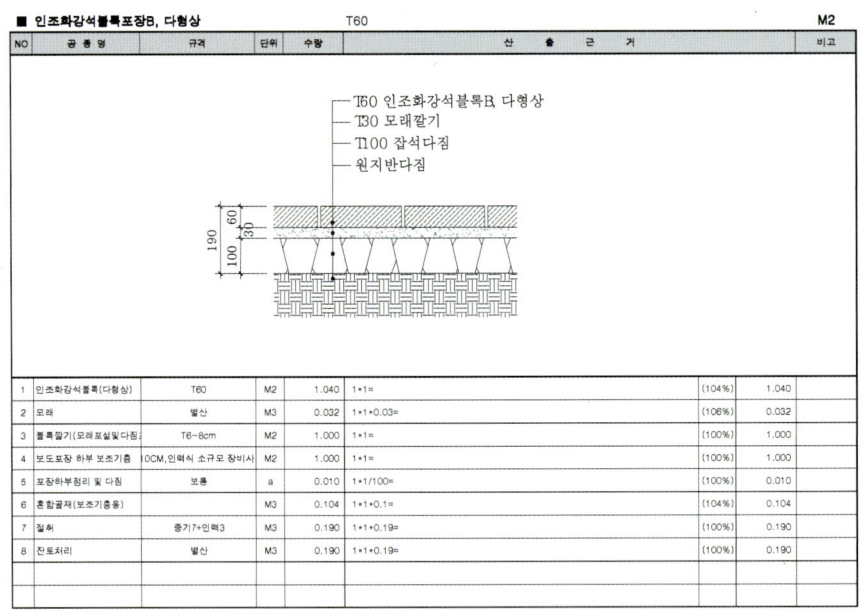

<그림9-183>

**가. 작성방법**

- 수량산출은 일위대가의 수량에 대한 근거 자료임
- 도면과 함께 각 수량이 나온 산출서를 명기한 자료임

⑧ 기타

가. 기초일위대가 : 터파기등 기초가 되는 일위대가만 별도 분리해서 작성

나. 중기일위대가 : 공정별 소요되는 기계경비를 계산하여 작성

다. 단위수량산출 : 터파기등 기초가 되는 수량산출서를 별도 분리해서 작성

라. 부대공사 산출 : 토공, 몰탈, 골재, 잡석등 대다수 공정에 들어가는 재료를 모아서 한눈에 볼 수 있고 적용할 수 있도록 함

마. 기타 : 현장여건에 맞는 수량산출 추가 작성

⑨ 증빙서류 첨부

가. 수량산출에 따른 품셈 해당페이지 사본

나. 물가정보, 물가자료, 거래가격, 유통물가 해당페이지 사본

## 다. 견적서 원본

- 제출처는 발주처이름 명기
- 부가세 별도인지 확인(부가세 포함일 경우 별도금액을 자재단가에 넣어야함)
- 간접비 별도 유무확인(노무비 포함인 경우 간접비 유무 확인 필요)
- 제출일 / 유효기간 확인
- 견적업체 도장날인 유무 확인
- 견적조건 확인

## 다. 샘플

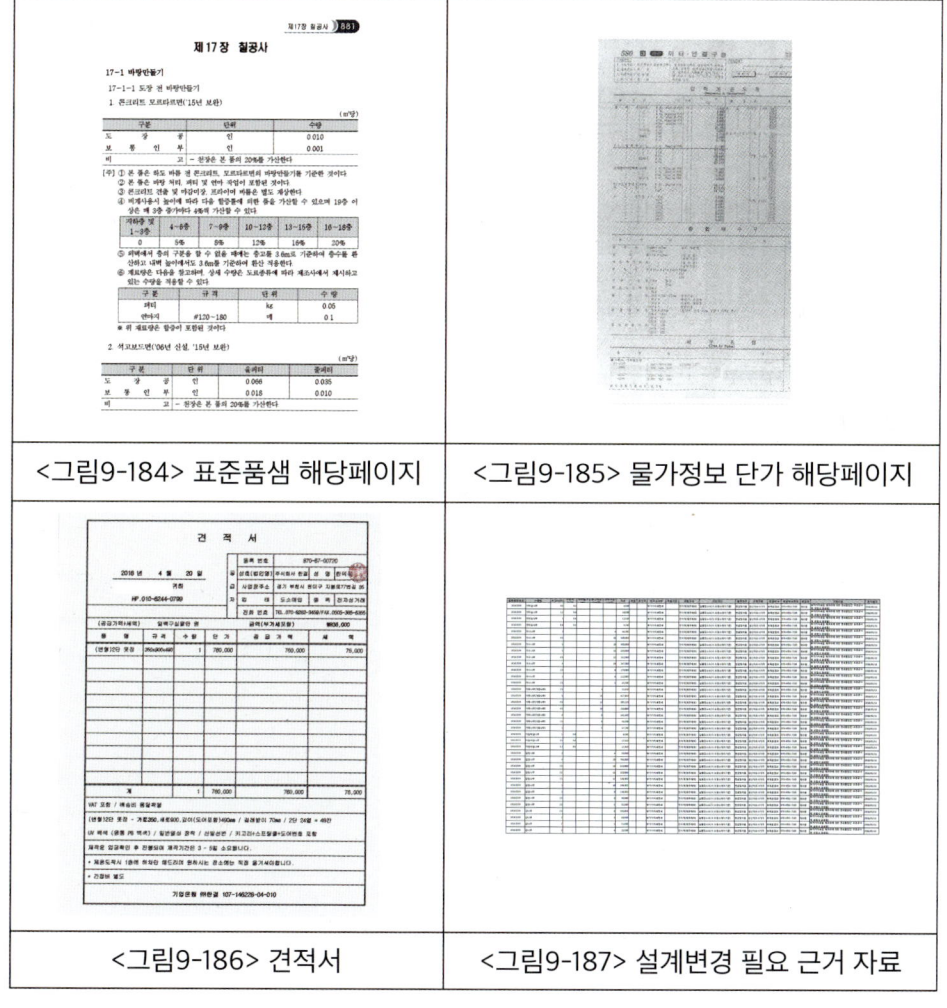

| <그림9-184> 표준품샘 해당페이지 | <그림9-185> 물가정보 단가 해당페이지 |
| <그림9-186> 견적서 | <그림9-187> 설계변경 필요 근거 자료 |

사회초년생 관공서
## 건설공사 현장업무 실무집

| | |
|---|---|
| 발행일 | 2024년 05월 30일 |
| 지은이 | 김중섭 |
| 발행처 | 조경수첩 |
| 디자인 | 서승연 |
| 출판등록 | 제409-2024-000034호 (2024년 05월 13일) |
| 주 소 | 경기도 김포시 봉수대로1710번지 나동 115호 |
| 대표전화 | 031-981-2864 |
| 홈페이지 | www.조경수첩.kr |

ⓒ 김중섭 2024

본 책 내용의 전부 또는 일부를 재사용하려면
반드시 저작권자의 동의를 받으셔야 합니다.